おはなしドリル
ベストセレクション

科学と自然のおはなし

低学年

もくじ

科学《かがく》と自然《しぜん》のおはなし

この本《ほん》のつかい方《かた》

おはなしドリル

このドリルは「おはなしドリル」シリーズのおはなしを集《あつ》めた、ベストセレクション版《ばん》です。１回《かい》２ページで、楽《たの》しく読解力《どっかいりょく》が身《み》につきます。

ステップ① 読書《どくしょ》をする

おはなしを１話分《わぶん》（２ページ）、読《よ》んでいきましょう。
今日《きょう》はどんなおはなしか、毎日楽《まいにちたの》しみましょう。

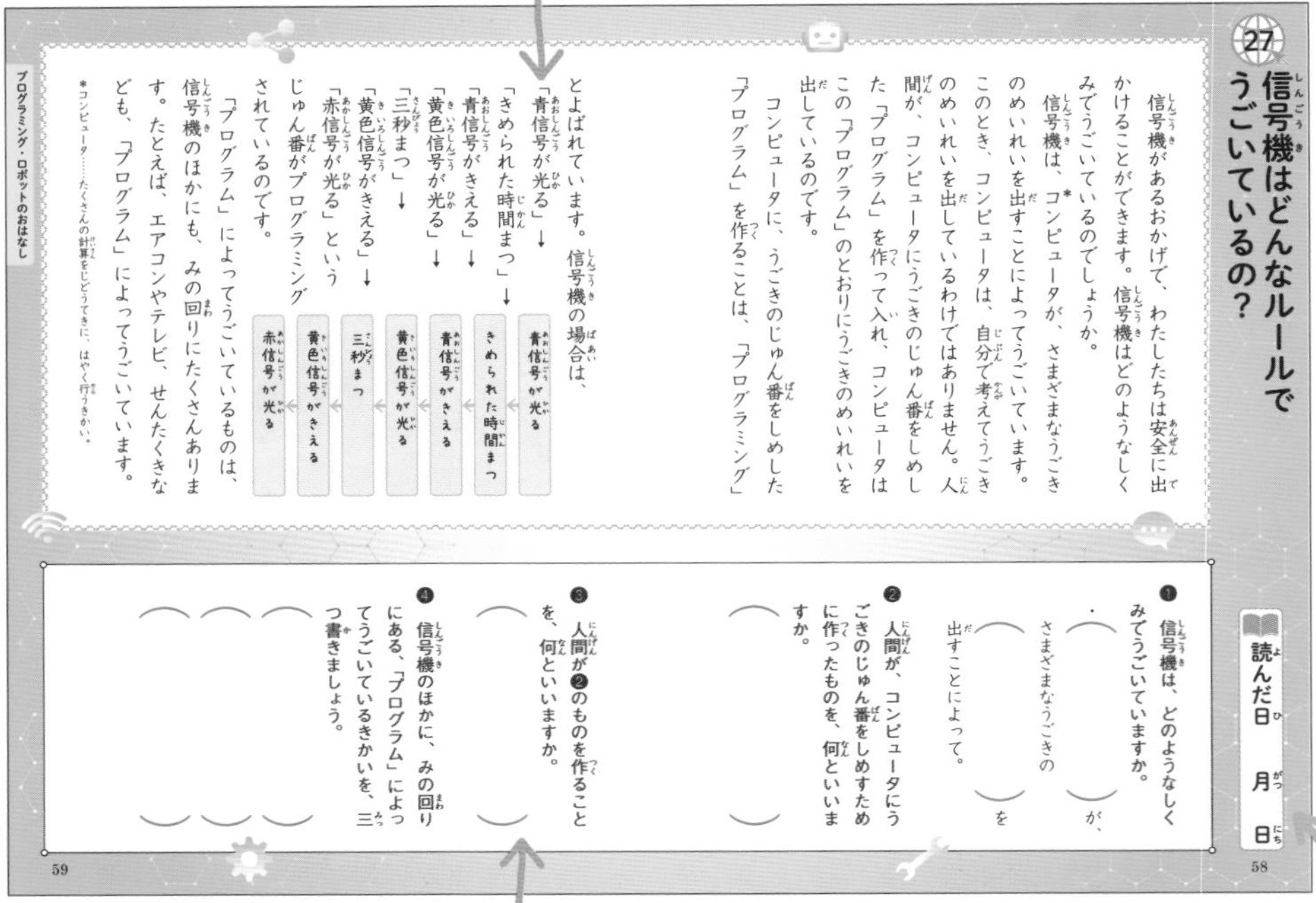

27 信号機《しんごうき》はどんなルールでうごいているの？

信号機《しんごうき》があるおかげで、わたしたちは安全《あんぜん》に出《で》かけることができます。信号機《しんごうき》はどのようなしくみでうごいているのでしょうか。

信号機《しんごうき》は、コンピュータ*が、さまざまなうごきのめいれいを出《だ》すことによってうごいています。このとき、コンピュータは、自分《じぶん》で考《かんが》えてうごきのめいれいを出《だ》しているわけではありません。人間《にんげん》が、コンピュータにうごきのじゅん番《ばん》をしめした「プログラム」を作《つく》って入《い》れ、コンピュータはこの「プログラム」のとおりにうごきのめいれいを出《だ》しているのです。

コンピュータに、うごきのじゅん番《ばん》をしめした「プログラム」を作《つく》ることは、「プログラミング」とよばれています。信号機《しんごうき》の場合《ばあい》は、

「青信号《あおしんごう》が光《ひか》る」→
「きめられた時間《じかん》まつ」→
「青信号《あおしんごう》がきえる」→
「黄色信号《きいろしんごう》が光《ひか》る」→
「三秒《さんびょう》まつ」→
「黄色信号《きいろしんごう》がきえる」→
「赤信号《あかしんごう》が光《ひか》る」

というじゅん番《ばん》がプログラミングされているのです。

青信号《あおしんごう》が光《ひか》る ← きめられた時間《じかん》まつ ← 青信号《あおしんごう》がきえる ← 黄色信号《きいろしんごう》が光《ひか》る ← 三秒《さんびょう》まつ ← 黄色信号《きいろしんごう》がきえる ← 赤信号《あかしんごう》が光《ひか》る

「プログラム」によってうごいているものは、信号機《しんごうき》のほかにも、みの回《まわ》りにたくさんあります。たとえば、エアコンやテレビ、せんたくきなども、「プログラム」によってうごいています。

＊コンピュータ……たくさんの計算《けいさん》をじどうてきに、はやく行《おこな》うきかい。

プログラミング・ロボットのおはなし

読《よ》んだ日《ひ》　月《がつ》　日《にち》

❶ 信号機《しんごうき》は、どのようなしくみでうごいていますか。

（　　）が、さまざまなうごきの（　　）を出《だ》すことによって。

❷ 人間《にんげん》が、コンピュータにうごきのじゅん番《ばん》をしめすために作《つく》ったものを、何《なん》といいますか。

（　　）

❸ 人間《にんげん》が❷のものを作《つく》ることを、何《なん》といいますか。

（　　）

❹ 信号機《しんごうき》のほかに、みの回《まわ》りにある、「プログラム」によってうごいているきかいを、三《みっ》つ書《か》きましょう。

（　　）（　　）（　　）

58　59

ステップ② 問題《もんだい》をとく

読《よ》んだおはなしについて、
読《よ》みとり問題《もんだい》にとり組《く》みましょう。
終《お》わったら、おうちの人《ひと》に
答《こた》え合《あ》わせをしてもらいましょう。

読《よ》んだ日《ひ》を書《か》こう！

おうちの方へ

この本で取り上げている文章は、１話が短く、気軽に楽しく読めるおはなしばかりなので、読書習慣をつけるのに最適です。また、ただ読むだけで終わらず、問題を解くことで、正しく内容を読み取れているかを確かめることができます。毎日の読書と文章読解のトレーニングで、読解力がぐんぐんアップします。

＊終わったら、答え合わせをしてあげてください。

おはなしドリル
シリーズしょうかい

おはなしドリル ベストセレクション
「はじめてのおはなしドリル」に 入《はい》って いる おはなし

おはなしドリル ベストセレクション
「科学《かがく》と自然《しぜん》のおはなし」に 入《はい》って いる おはなし

くわしくは
こちら

「おはなしドリル」 シリーズラインナップ
https://ieben.gakken.jp/s_series/ohadori/

1 しょくぶつ

花《はな》は どうして さくの？

チューリップ、ヒマワリ、バラ、カーネーション。いろもかたちも 大《おお》きさも ちがう、さまざまな 花《はな》が ありますね。

しょくぶつに とって、花《はな》は どんな やくわりを もって いるのでしょう。じつは 花《はな》には、「たね」を つくって じぶんたちの しそんを のこすと いう、大切《たいせつ》な やくわりが あるのです。

花《はな》の 中《なか》には 「おしべ」と 「めしべ」が あり、おしべの 先《さき》には 花《か》ふんが できます。花《か》ふんが めしべの 先《さき》に つくと、みが なっ

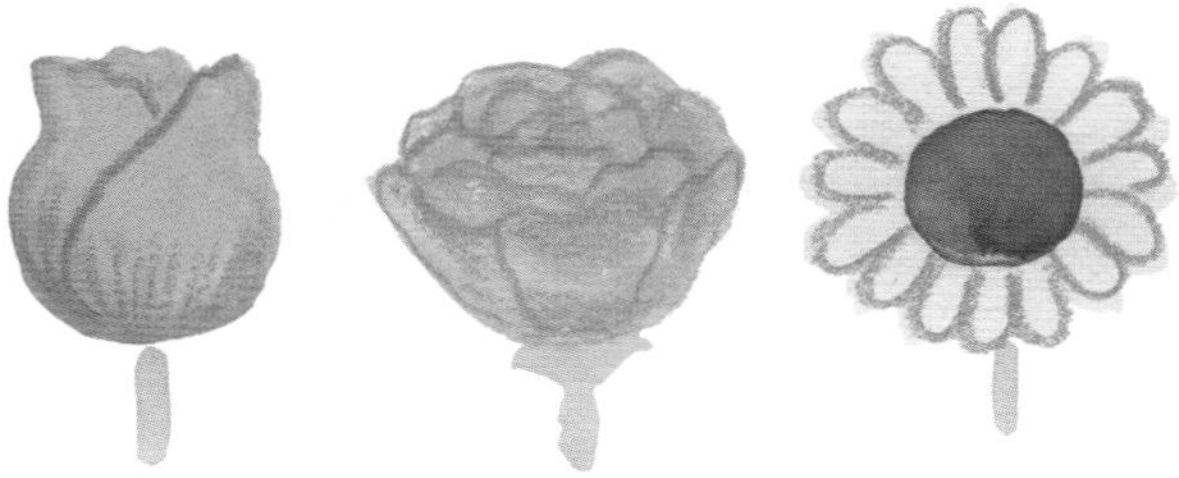

❶ ヒマワリと バラの 花《はな》は、いろの ほかに なにが ちがいますか。二《ふた》つ かきましょう。

（　　　　）

（　　　　）

❷ しそんを のこす ために、花《はな》が つくる ものは なんですか。

（　　　　）

読《よ》んだ日《ひ》　月《がつ》　日《にち》

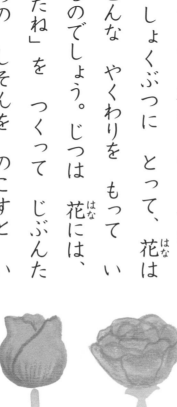

て、たねが　できます。
しょくぶつは　じぶんでは　うごけません。花《か》ふんを　だれかに　はこんで　もらう　ひつようが　あります。そこで　しょくぶつは、目《め》立《だ》つ　いろの　花《はな》や　あまい　みつを　つかいます。さそわれて　やってきた　ミツバチや　チョウなどの　こん虫《ちゅう》や　とりが、からだに　花《か》ふんを　くっつけて、はこんで　くれるのです。

⇧あしに　花《か》ふんを　つけた　ミツバチ。

❸ 花《か》ふんは　どこに　できますか。どちらかに　○を　つけましょう。

ア　おしべの　先《さき》。
イ　めしべの　先《さき》。

❹ しょくぶつに　ついて、（　）に　あう　ことばを　かきましょう。

・目《め》立《だ》つ　いろの（　　）や　あまい（　　）で　こん虫《ちゅう》や（　　）を　さそい、花《か》ふんを　はこんで　もらう。

うみの 水《みず》は なぜ しおからいの？

大《おお》むかし、ちきゅうが 生《う》まれたばかりの ころ。うみの 水《みず》は、いまのように しおからく ありませんでした。それなのに、どうして いまは、うみの 水《みず》は しおからいのでしょう。

じつは、うみの 水《みず》には、しおが とけて いるのです。そして その しおは、もともと りく上《じょう》の いわの 中《なか》に あった ものです。雨《あめ》が ふると、雨水《あまみず》は 川《かわ》と なって、うみに ながれこみます。そのとき、いわの 中《なか》の しおが 川《かわ》の 水《みず》に とけて、うみまで どんどん はこばれて いったのです。このように して、りくちの しおは、いまでも うみの 水《みず》に とけこみつづけています。

読《よ》んだ日《ひ》　月《がつ》　日《にち》

❶ ちきゅうが 生《う》まれたばかりの ころ、うみの 水《みず》は どのようでしたか。一《ひと》つに ○を つけましょう。

ア しおからかった。

イ しおからくなかった。

ウ あまかった。

❷ いまは、うみの 水《みず》は どのようですか。五字《ごじ》で かきましょう。

わたしたちの　生活《せいかつ》に　ひつような　しおも、
海水《かいすい》から　とり出《だ》す　ことが　できますよ。

⇧うみの　水《みず》から　しおを　つくる　ところ　（石川県《いしかわけん》）
ここでは、400年《ねん》まえの　しおの　つくりかたが、
いまに　うけつがれて　います。

❸ いまの　うみの　水《みず》には、
なにが　とけて　いますか。
（　）に　あう　ことばを
かきましょう。
・りく上《じょう》の　いわの　中《なか》に
あった（　　　　）。

❹ 正《ただ》しい　文《ぶん》は　どれですか。
一《ひと》つに　○を　つけましょう。
ア　うみに　ふった　雨《あめ》は、
川《かわ》に　はこばれる。
イ　いまは、うみの　しおは
どんどん　へって　いる。
ウ　しおは　うみの　水《みず》から
とり出《だ》せる。

3 ウサギの　耳《みみ》

ウサギの　耳《みみ》は、とても　ながくて　大《おお》きい耳《みみ》です。そして、よく　うごきます。いろいろな＊ほうこうから　くる　音《おと》を　ききのがさないように、耳《みみ》を　うごかして　きいて　いるのです。キツネなどの　てきが　ちかづいて　くる、草《くさ》をふむ　かすかな　音《おと》を　ききつけると、すごいいきおいで　はねて　にげます。

また、ウサギの　耳《みみ》には、こまかい　＊けっかんが　たくさん　あります。てきに　おわれて　はしって　いる　ときに、つめたい　かぜが　耳《みみ》にあたる　ことで、上《あ》がった　＊たいおんを　下《さ》げてくれる　はたらきを　して　いるのです。このように、ウサギの　耳《みみ》は　音《おと》を　きくだけで　なく、

読《よ》んだ日《ひ》　　月《がつ》　　日《にち》

❶ ウサギの　耳《みみ》は、どんな　耳《みみ》ですか。あう　ほうに　◯を　つけましょう。

ア　みじかくて　小《ちい》さい　耳《みみ》で、あまり　うごかない。

イ　ながくて　大《おお》きい　耳《みみ》で、よく　うごく。

❷ ウサギの　耳《みみ》に　こまかい　けっかんが　たくさん　あるのは、なんの　ためですか。（　）に　あう　ことばを　かきましょう。

・つめたい（　　　　）が

たいおんを　下《さ》げると　いう、たいせつな　はたらきも　して　いるのです。

ウサギを　だき上《あ》げる　とき、耳《みみ》を　つかむ人《ひと》が　いますが、ウサギに　とって　たいせつな耳《みみ》を　つかまれるのは、とても　いやな　ことなのです。ウサギは、耳《みみ》を　つかまないで、やさしく　だっこして　やりましょう。

＊ほうこう……むき
＊けっかん……ちが　とおる　くだ。
＊たいおん……からだの　おんど。

耳《みみ》に　あたる　ことで、
上《あ》がった
（　　　　）を
下《さ》げる　はたらきを　する
ため。

❸ ウサギに　とって　いやな　ことは、なんですか。一《ひと》つに　○を　つけましょう。

ア　人《ひと》に　たべものを　もらう　こと。

イ　人《ひと》に　やさしく　だっこ　される　こと。

ウ　人《ひと》に　耳《みみ》を　つかまれる　こと。

4 キリンの ねむりかた

アフリカの 草《そう》げんに すむ キリンは、おとなに なると、立《た》った まま ねむるように なります。なぜなのでしょうか。

キリンが すんで いる ところには、ライオンなどの てきが たくさん います。そんな ところで、ゆっくりは ねむれないのです。もし、よこに なって ぐっすり ねむって しまうと、てきが ちかづいて きた とき、すぐに にげられないからです。だから、とくに てきが 見《み》えにくい よるは、ほとんど ねむりません。

キリンの 赤《あか》ちゃんは、ながい くびを まげて、すわって ねむります。おかあさんが そばで 見《み》はって いて くれるので、ぐっすり ね

読《よ》んだ日《ひ》　月《がつ》　日《にち》

❶ おとなの キリンは、アフリカの 草《そう》げんでは どのように して ねむりますか。あう ほうに ○を つけましょう。

ア 立《た》った まま ねむる。

イ すわって ねむる。

❷ おとなの キリンが ゆっくりは ねむれないのは、なぜですか。（　）に あう ことばを かきましょう。

・まわりに ライオンなどの（　　　）が いるので、

むる　ことが　できるのです。

また、どうぶつえんに　すむ　おとなの　キリンは、赤《あか》ちゃんキリンと　おなじように、すわって　ねむる　ことが　あります。どうぶつえんでは　てきに　おそわれる　しんぱいが　ないので、あんしん　するので　しょう。

ぐっすり　ねて　しまうと、
すぐに（　　　）
から。

❸ どうぶつえんに　すむ　おとなの　キリンは、赤《あか》ちゃんキリンと　なにが　おなじようなのですか。あう　ほうに○を　つけましょう。

ア　ねむる　じかん。
イ　ねむる　しせい。

5 イルカの　おしゃべり

イルカは、うみで　いつも　なかまと　いっしょに　くらして　います。イルカショーを　見《み》た　ことが　ある　人《ひと》も　いると　おもいますが、イルカは　いろいろな　げいを　すぐ　おぼえて　しまう、とても　あたまの　よい　どうぶつです。水《すい》ぞくかんの　人《ひと》の　ちょっと　した　しぐさで、つぎに　なにを　したら　よいのか　わかるので　す。そして、いろいろな　けんきゅうから、イルカどうしで　たくさんの　ことばを　はなして　いる　ことが　わかって　きました。

イルカは、人《にん》げんにも　きこえる　こえの　ほかに、人《にん》げんには　きこえない　とくべつな　こえを　出《だ》す　ことが　できます。うみの　中《なか》では

読《よ》んだ日《ひ》　月《がつ》　日《にち》

❶ イルカは、どんな　どうぶつですか。二《ふた》つに　○を　つけましょう。

ア　一《いっ》とうずつで　くらす　どうぶつ。

イ　なかまと　いっしょに　くらす　どうぶつ。

ウ　人見《ひとみ》しりする　どうぶつ。

エ　あたまの　よい　どうぶつ。

❷ イルカは、うみの　中《なか》では、おもに、どんな　こえで　はなして　いますか。（　）に　あう　ことばを　かきましょう。

おもに、この　とくべつな　こえを　つかって　はなして　います。たとえば、えもので　ある　小《こ》ざかなを　*きょう力《りょく》して　おいつめる　ときは、この　こえで　あいずしあって　います。また、イルカは、それぞれが　ちがう　こえを　もって　いて、おたがいの　こえで、だれで　あるかを　ききわけて　いる　ことも　わかって　きました。

*きょう力《りょく》……力《ちから》や　こころを　あわせる　こと。

・（　　）には　きこえない（　　）な　こえ。

❸ イルカは、どんな　ときに　❷の　こえで　あいずしあって　いますか。（　）に　あう　ことばを　かきましょう。

・えもので　ある（　　）を　きょう力《りょく》して（　　）とき。

6 しょくぶつ

サボテンにはどうしてとげがあるの？

サボテンにはいろいろなしゅるいがありますが、その多《おお》くにはとげが生《は》えています。なぜでしょう。

サボテンはもともと、さばくに生《は》えていたしょくぶつです。さばくは、何《なん》か月《げつ》も雨《あめ》がふらないようなかんそうした場所《ばしょ》で、しょくぶつが生《い》きるのはたいへんです。だからサボテンは、生《い》きぬくためのさまざまなくふうをしてきました。

ふつうのしょくぶつは、いつも葉《は》から水分《すいぶん》を

読《よ》んだ日《ひ》　　月《がつ》　　日《にち》

❶ サボテンは、もともとどこに生《は》えていましたか。

（　　　　　　）

❷ さばくとは、どんな場所《ばしょ》ですか。

・（　　　　　　）した場所《ばしょ》。

❸ サボテンのとげは、何《なに》がへんかしたものですか。どちらかに○をつけましょう。

ア 葉《は》　　イ くき

じょうはつさせています。でもサボテンは、葉《は》を小《ちい》さくすることで、水分《すいぶん》のじょうはつをできるだけふせいでいます。サボテンのとげは、葉《は》だったのです。そしてとげは、草食《そうしょく》どうぶつに食《た》べられないよう、サボテンをまもる役目《やくめ》もします。

またサボテンは、ふくらませたくきに水分《すいぶん》をたくわえたり、その水分《すいぶん》がかわかないようにくきをぶあついかわでおおったりと、くふうをこらしています。

❹ サボテンにとげがなかったら、サボテンは何《なに》に食《た》べられるかもしれないのですか。

（　　　　　　）

❺ サボテンのくきについて、正《ただ》しい文《ぶん》はどれですか。一《ひと》つに○をつけましょう。

ア　ふくらんでいて、水分《すいぶん》がたくわえられている。

イ　水分《すいぶん》をじょうはつさせるために、大《おお》きな葉《は》が生《は》えている。

ウ　さむさをふせぐために、ぶあついかわでおおわれている。

7 からだ

カにさされるとどうしてかゆくなるの？

カは、人間《にんげん》などどうぶつの血《ち》をすいます。でも、カの食《た》べものは、しょくぶつのみつやしるです。オスのカは、血《ち》をすいません。メスのカだけが、たまごをそだてるのにつかうために、どうぶつの血《ち》をすうのです。

カは、はりのようにとがった口《くち》をどうぶつのひふにつきさして、血《ち》をすいます。口《くち》はとても細《ほそ》いので、さされてもいたくはありません。それどころか、カにさされると、そこがかゆくなります。なぜでしょう。

血《ち》は、からだの外《そと》に出《で》て空気《くうき》にふれると、かたまります。だからカは、血《ち》がかたまりにくくなるえきを、口《くち》からひふにながしこみます。このえき

読《よ》んだ日《ひ》　月《がつ》　日《にち》

❶ カは、何《なに》を食《た》べますか。（　）に合《あ》う言葉《ことば》を書《か》きましょう。

・（　　　　）のみつやしる。

❷ 人間《にんげん》の血《ち》をすうのは、つぎのどれですか。一《ひと》つに○をつけましょう。

ア　オスのカ。

イ　メスのカ。

ウ　オスのカとメスのカ。

❸ カの口《くち》を、何《なに》にたとえていますか。二字《にじ》で書《か》きましょう。

がからだに入《はい》ると、ひふは赤《あか》くふくれます。そしてわたしたちは、その部分《ぶぶん》にかゆみをかんじるのです。

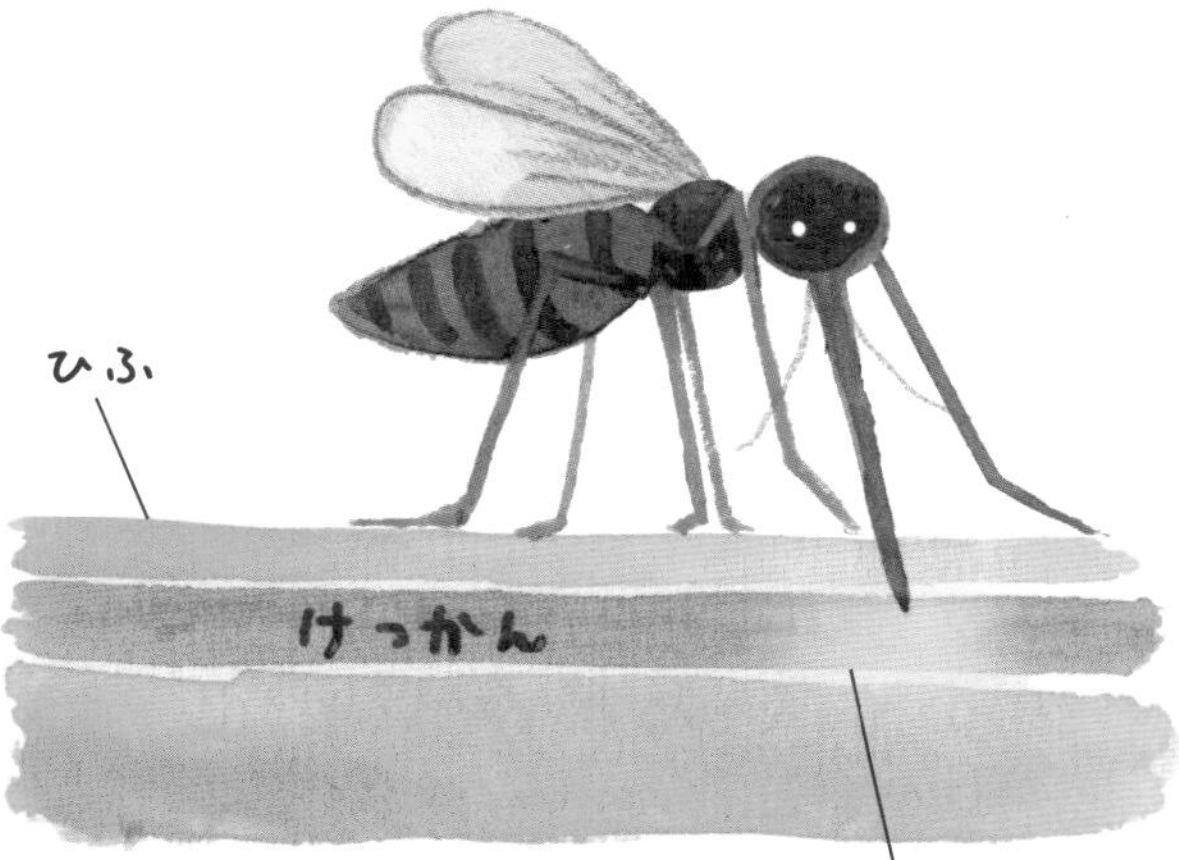

4 カにさされてもいたくないのはなぜですか。（　）に合《あ》う言葉《ことば》を書《か》きましょう。

・（　　）の（　　）は　とても（　　）から。

5 血《ち》がかたまるのは、どんなときですか。（　）に合《あ》う言葉《ことば》を書《か》きましょう。

・（　　）にふれたとき。

タマネギを切《き》るとなみだが出《で》るのはなぜ？

タマネギを切《き》ったことがありますか。ほうちょうでタマネギを切《き》っていると、目《め》からなみだが出《で》てきますね。これはなぜでしょう。

タマネギを切《き》ると、するどいほうちょうが、タマネギをつくっているたくさんの小《ちい》さな「さいぼう」をきずつけます。すると、タマネギのさいぼうからいろいろなものが外《そと》にとび出《だ》します。とび出《だ》してきたもののなかには、人《ひと》の目《め》やはなをしげきして、なみだを出《だ》させるものがふくまれているのです。これは、すぐに空気中《くうきちゅう》をとんで、タマネギを切《き》っている人《ひと》の目《め》やはなにとびこんできます。

すると、のうが、少《すこ》しでも早《はや》くそれをあらいながすよう、なみだを出《だ》すめいれいをからだに出《だ》し

読《よ》んだ日《ひ》　月《がつ》　日《にち》

❶ 目《め》からなみだが出《で》るのは、タマネギをどうしたときですか。一《ひと》つに○をつけましょう。

ア たくさん食《た》べたとき。

イ 外《そと》がわのかわをむいたとき。

ウ するどいほうちょうで切《き》ったとき。

❷ タマネギをつくっている、たくさんの小《ちい》さなもののことを、何《なん》といいますか。

（　　　　　　）

ます。だから、タマネギを切《き》ると、しぜんになみだが出《で》てくるのです。

❸「それ」があらわすものとして、当《あ》てはまらないものはどれですか。一《ひと》つに○をつけましょう。

ア　タマネギのきずついたさいぼう。

イ　人《ひと》の目《め》やはなをしげきするもの。

ウ　人《ひと》になみだを出《だ》させるもの。

❹なみだを出《だ》すようにからだにめいれいを出《だ》すものは、何《なん》ですか。

（　　　　）

9 かみの毛《け》は、どのようにのびるの？

読《よ》んだ日《ひ》　月《がつ》　日《にち》

かみの毛《け》は、草《くさ》や木《き》のように、ゆっくりと少《すこ》しずつのびています。どのくらいの間《あいだ》に、どのくらいずつのびると思《おも》いますか。三日《みっか》でだいたい一《いち》ミリメートルくらい、一《いっ》か月《げつ》で一《いっ》センチメートルくらいのびています。

草《くさ》や木《き》と同《おな》じように、かみの毛《け》も、ねっこから*えいようをすってのびています。かみの毛《け》のねっこは、頭《あたま》のかわのすぐ下《した》にあります。ねっこの形《かたち》は、玉《たま》ねぎににています。自分《じぶん》のぬけたかみの毛《け》を見《み》てみましょう。小《ちい》さな玉《たま》ねぎのようなねっこが見《み》られるかもしれませんよ。

かみの毛《け》のえいようは、血《ち》です。ねっこのすぐ下《した》には細《ほそ》い*けっかんがあって、そこからえいよう

❶ かみの毛《け》は、㋐三日《みっか》で、㋑一《いっ》か月《げつ》で、それぞれどのくらいのびますか。

㋐（　　　　）

㋑（　　　　）

❷ かみの毛《け》のねっこは、どこにありますか。

（　　　　）

❸ かみの毛《け》のねっこの形《かたち》は、何《なに》ににていますか。

たっぷりの血《ち》がはこばれてくるのです。えいようをとって、新《あたら》しいかみの毛《け》ができる分《ぶん》、上《うえ》へおし上《あ》げられて、少《すこ》しずつのびているのです。

一本《いっぽん》のかみの毛《け》のいのちは、三年《さんねん》から五年《ごねん》です。いのちをおえたかみの毛《け》は、自《し》ぜんにぬけます。

そして、ぬけたところには、また新《あたら》しいかみの毛《け》が生《は》えてきます。

＊えいよう……体《からだ》が元気《げんき》でいたり、大《おお》きくなったりするためにひつようなもの。
＊けっかん……体《からだ》の中《なか》を通《とお》る、血《ち》がながれるくだ。

❹ かみの毛《け》のえいようは、どこからはこばれてきますか。合《あ》うほうに○をつけましょう。

ア かみの毛《け》の中《なか》にある細《ほそ》いけっかんから。

イ かみの毛《け》のねっこのすぐ下《した》にある細《ほそ》いけっかんから。

（　　）

❺ 一本《いっぽん》のかみの毛《け》のいのちは、どのくらいですか。

（　　）

10 ほねは、いくつくらいあるの？

わたしたちの体《からだ》は、「ほね」によってささえられています。頭《あたま》や首《くび》のほね、手《て》のゆびや手首《てくび》のほね、足《あし》のほね、せぼねなど、手《て》でさわると、かたい木《き》のえだのように、体中《からだじゅう》にほねがあることがわかります。じつは、体《からだ》には、ぜんぶで二百《にひゃっ》こくらいのほねがあるのです。でも、おどろいてはいけません。赤《あか》ちゃんのほねの数《かず》はさらに多《おお》く、三百《さんびゃっ》こくらいあるのです。

赤《あか》ちゃんの体《からだ》は、大人《おとな》より小《ち》さいのに、ほねの数《かず》がずっと多《おお》いのは、なぜなのでしょうか。それは、それぞれのほねが、まだしっかりしたかたいほねになっていないからです。赤《あか》ちゃんのほねをよくしらべると、ほねのはしは、まだかたいほね

読《よ》んだ日《ひ》　月《がつ》　日《にち》

❶ ほねは、㋐大人《おとな》、㋑赤《あか》ちゃんでは、体中《からだじゅう》にいくつくらいありますか。□に合《あ》うかん字《じ》の数字《すうじ》を書《か》きましょう。

㋐ □□こくらい

㋑ □□こくらい

❷ 赤《あか》ちゃんのほうが、大人《おとな》よりほねの数《かず》が多《おお》い理《り》ゆうをせつ明《めい》した文《ぶん》の、はじめの三字《さんじ》を書《か》きましょう。

□□□

になりきらない「なんこつ」という、やわらかいほねでできています。このなんこつは、のびながらやがて、となりのほねのなんこつとくっつきます。そして、くっつき合《あ》ったなんこつがだんだんとかたくなり、一本《いっぽん》の大人《おとな》のほねになっていくのです。

たとえば、手《て》のほねがしっかりと大人《おとな》のほねにせい長《ちょう》するのは、女《おんな》の子《こ》が十五才《じゅうごさい》ごろ、男《おとこ》の子《こ》が十八才《じゅうはっさい》ごろです。

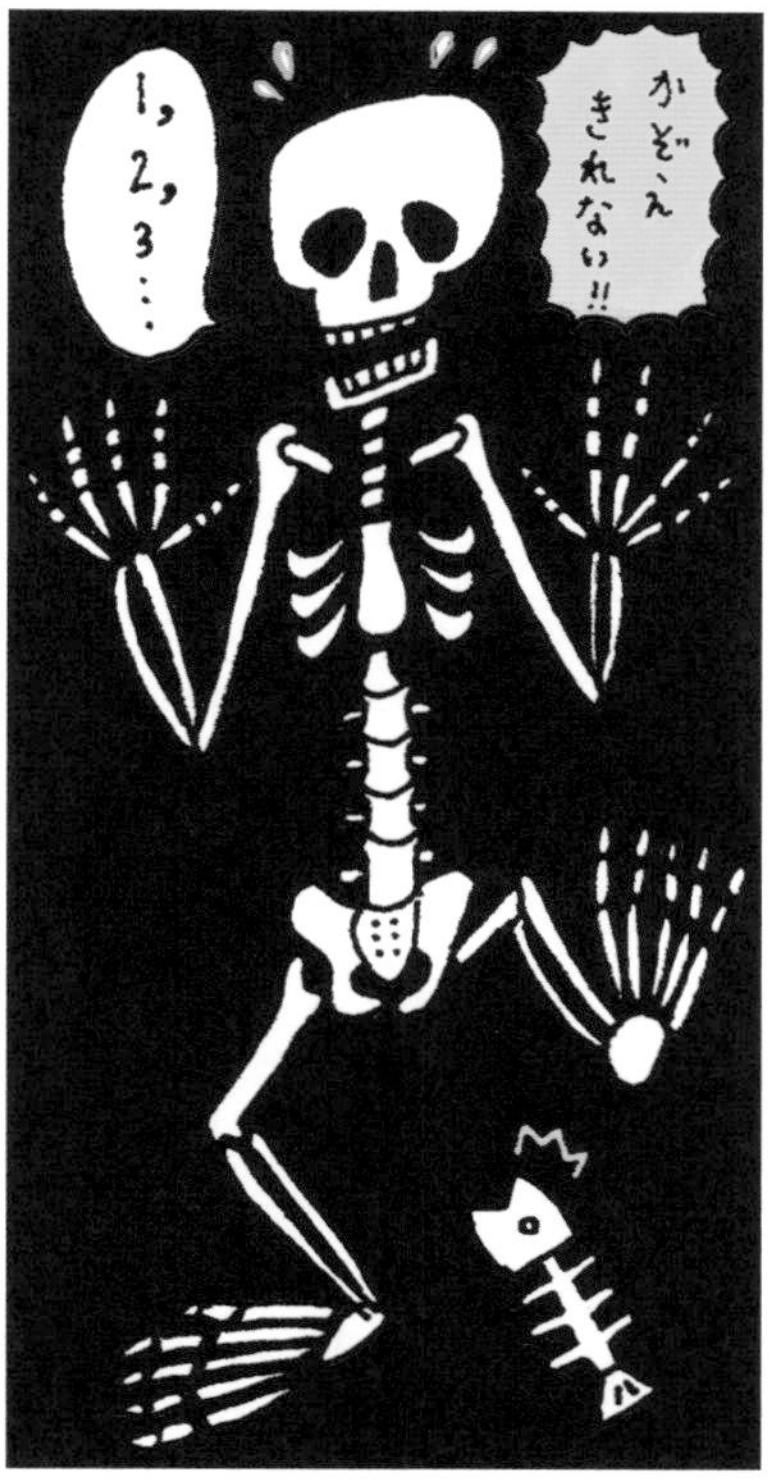

❸ 赤《あか》ちゃんのほねは、どのようになることで、一本《いっぽん》の大人《おとな》のほねになりますか。合《あ》うほうに○をつけましょう。

ア　いらないほねがとけてなくなることで。

イ　なんこつどうしがくっつき合《あ》い、かたくなることで。

❹ 手《て》のほねが大人《おとな》のほねにせい長《ちょう》するのは、男《おとこ》の子《こ》では何《なん》才《さい》ごろですか。

（　　　　）

11 食《た》べたものは、体《からだ》の中《なか》でどうなるの？

口《くち》から体内《たいない》に入《はい》った食《た》べものの通《とお》り道《みち》は、まがりくねった長《なが》いくだになっていて、おしりまでつづいています。

まず、口《くち》から入《はい》った、肉《にく》や魚《さかな》や野《や》さいなどの食《た》べものは、歯《は》でかみくだかれて細《こま》かくなります。つぎに、細《こま》かくなった食《た》べものは「食道《しょくどう》」を通《とお》って、「い」にむかいます。そして、いの中《なか》で「しょうかえき」といううえき体《たい》とまぜられ、おかゆのようにどろどろにされます。その後《ご》、「ちょう」にすすんだ食《た》べものは、ちょうのかべから、えいようとして体《からだ》にとり入《い》れられるのです。

食《た》べたものを、*とことん細《こま》かくする理《り》ゆうは、食《た》べもののえいようを、ちょうの内《うち》がわのかべか

1 口《くち》から入《はい》った食《た》べものが、おしりから外《そと》に出《で》るまでのじゅんになるように、（　）に番《ばん》ごうを書《か》きましょう。

ア（　）いの中《なか》で、しょうかえきとまざる。

イ（　）歯《は》でかみくだかれて細《こま》かくなる。

ウ（　）のこった食《た》べもののかすが、うんちとして出《で》る。

エ（　）ちょうでえいようがとり入《い》れられる。

オ（　）食道《しょくどう》を通《とお》って、いにむかう。

読《よ》んだ日《ひ》　月《がつ》　日《にち》

らとり入《い》れやすくするためです。体中《からだじゅう》にはこばれたえいようは、「きん肉《にく》」や「ほね」などを作《つく》るためにつかわれます。また、体《からだ》をうごかすための力《ちから》にもなります。

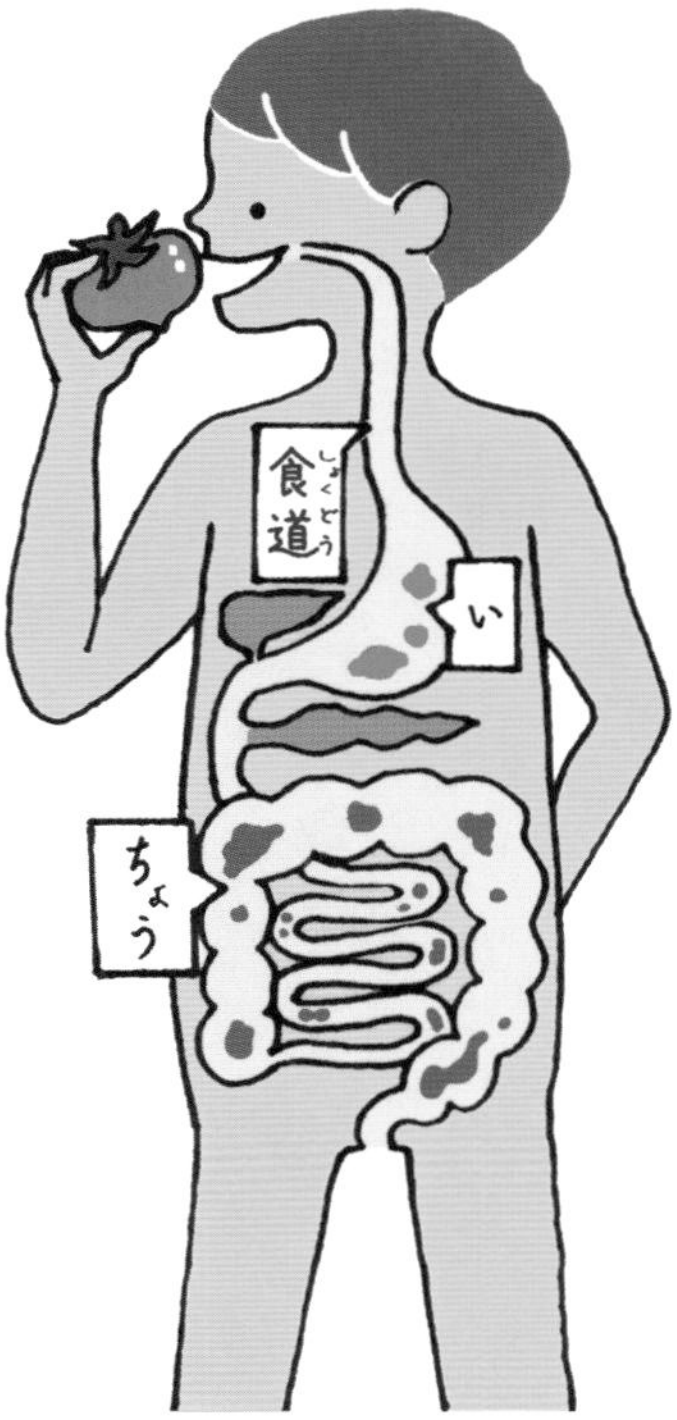

えいようをとり入《い》れたあとの、のこった食《た》べもののかすは、どうなるのでしょうか。これは、ちょうからおしりのあなまでやってきて、うんちとして体《からだ》の外《そと》へ出《で》ます。

*とことん……どこまでも。

❷ 食《た》べたものを、とことん細《こま》かくするのは、なぜですか。

［　　　　　　］

❸ 体中《からだじゅう》にはこばれたえいようは、何《なに》を作《つく》るためにつかわれますか。（　）に合《あ》うことばを書《か》きましょう。

・「（　　　　）」や「（　　　　）」などを作《つく》るためにつかわれる。

12
地球

北《きた》や南《みなみ》って、だれが決《き》めたの？

大昔《おおむかし》、まだ地図《ちず》もノートもなかったころ。人《ひと》は、よいすみかをさがしたりえものをとりにいったりするとき、何人《なんにん》かで旅《たび》をしていました。

ところが、さばくや海《うみ》を旅《たび》するときには、ほとんど目《め》じるしがありません。ですから、「さっきあそこでえものを見《み》たぞ。」「こちらに歩《ある》いていくと水《みず》があったよ。」などとつたえるとき、「あそこ」とか「こちら」とかでは、いったいどっちなのか、なかまにきちんとつたわりません。

そんなときに、いちばんの目《め》じるしになったのは、日《ひ》の出《で》や日《ひ》の入《い》りの方向《ほうこう》だったはずです。「太《たい》陽《よう》が出《で》る方向《ほうこう》」とか、「しずむ方向《ほうこう》からこれくらいはなれたところ」などと言《い》って、なかまに方角《ほうがく》

読《よ》んだ日《ひ》　月《がつ》　日《にち》

❶ 大昔《おおむかし》、人《ひと》が何人《なんにん》かで旅《たび》をしていたのは、どんなときですか。（　）に合《あ》う言葉《ことば》を書《か》きましょう。

・よい（　　　）をさがすとき。

・（　　　）をとりにいくとき。

❷ さばくや海《うみ》を旅《たび》するとき、いちばんの目《め》じるしになったのは、何《なん》ですか。（　）に合《あ》う言葉《ことば》を書《か》きましょう。

を説明《せつめい》したのではないでしょうか。

やがて太陽《たいよう》が出《で》る方角《ほうがく》を東《ひがし》、しずむ方角《ほうがく》を西《にし》、東《ひがし》を向《む》いたときに左《ひだり》の方《ほう》角《がく》が北《きた》、右《みぎ》の方角《ほうがく》が南《みなみ》というように、いつしか名《な》前《まえ》がついたのです。

一人《ひとり》の人《ひと》が決《き》めたのではなく、くらしの中《なか》で太《たい》陽《よう》の動《うご》きからしぜんに方《ほう》角《がく》の名前《なまえ》がつけられ、みんなが使《つか》うようになったのでしょう。

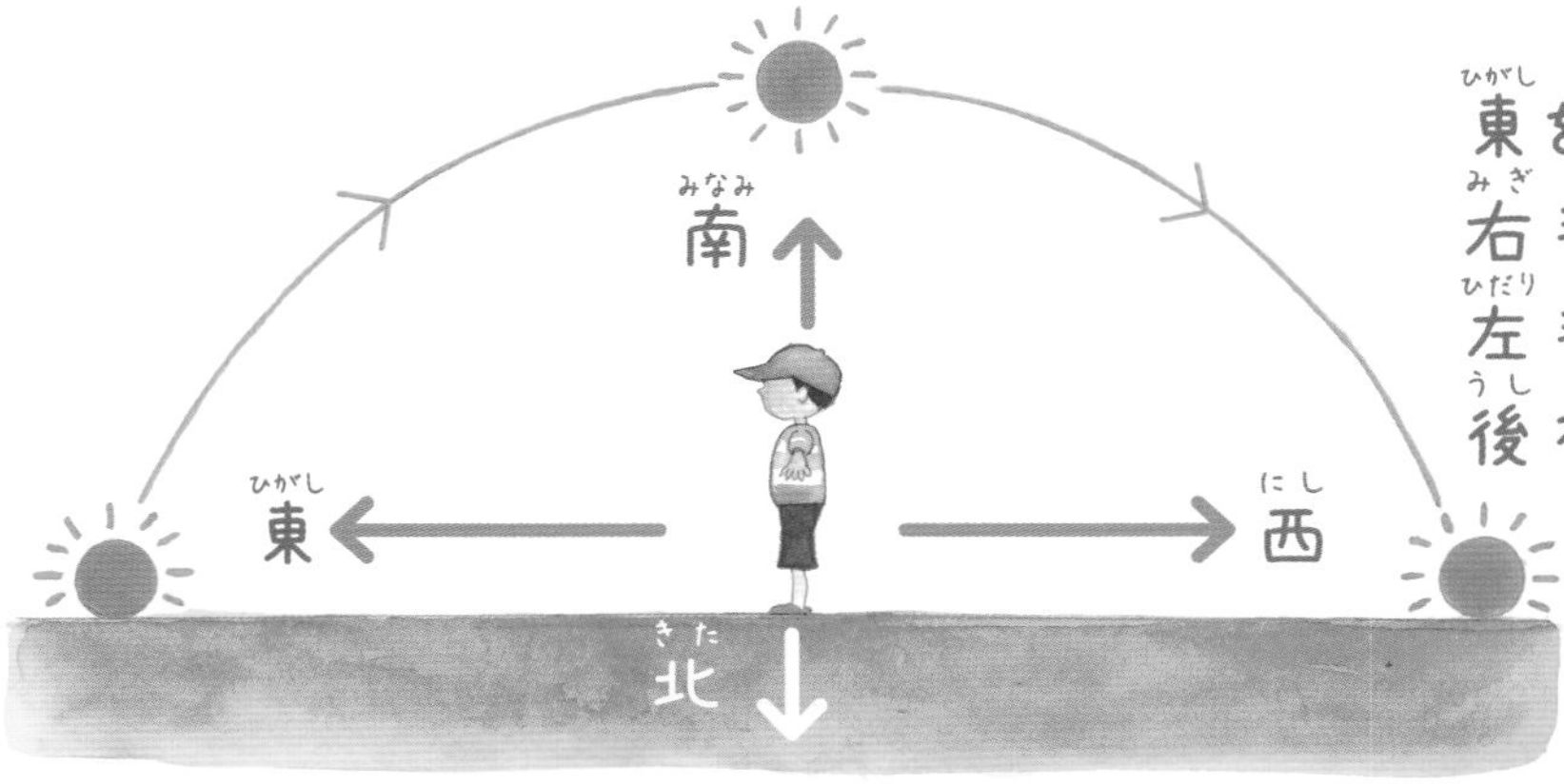

東《ひがし》を向《む》くと、右《みぎ》手《て》が南《みなみ》、左《ひだり》手《て》が北《きた》、後《うし》ろが西《にし》。

・（　　　）や日《ひ》の入《い》りの方向《ほうこう》。

❸ 東《ひがし》を向《む》いたとき、右《みぎ》の方角《ほうがく》には、何《なん》という名前《なまえ》がつきましたか。

（　　　）

❹ 方角《ほうがく》の名前《なまえ》は、何《なに》からつけられたと考《かんが》えられているのですか。（　）に合《あ》う言葉《ことば》を書《か》きましょう。

・（　　　）の動《うご》き。

13 地球

夕方《ゆうがた》になるとなぜかげは長《なが》くなるの？

晴《は》れている日《ひ》に、家《いえ》や校《こう》しゃなどのかげに入《はい》って、太陽《たいよう》をさがしてみましょう。かげの中《なか》にいると、太陽《たいよう》は見《み》えません。日《ひ》なたに出《で》ると太陽《たいよう》が見《み》えて、自分《じぶん》のかげが地面《じめん》にできます。

かげは、光《ひかり》がものにさえぎられてできる、光《ひかり》の当《あ》たっていないところです。かならず光《ひかり》が来《く》る方《ほう》向《こう》とは反対《はんたい》がわにできます。

手《て》のかげは手《て》の形《かたち》、バスていのかげはバスていの形《かたち》をしていますね。太陽《たいよう》の光《ひかり》はどこまでもまっすぐに進《すす》むので、かげもそのままの形《かたち》で地面《じめん》に落《お》ちます。ただし、太陽《たいよう》の高《たか》さによって、かげは短《みじか》くなったり長《なが》くのびたりします。

お昼《ひる》ごろの太陽《たいよう》は高《たか》いところにあります。する

読《よ》んだ日《ひ》　月《がつ》　日《にち》

❶ 晴《は》れている日《ひ》に、太陽《たいよう》が見《み》えるのは、どちらの場合《ばあい》ですか。正《ただ》しいほうに○をつけましょう。

ア 校《こう》しゃのかげに入《はい》っている場合《ばあい》。

イ 日《ひ》なたに出《で》ている場合《ばあい》。

❷ かげは、どこにできますか。（　）に合《あ》う言葉《ことば》を書《か》きましょう。

・光《ひかり》が（　　）方向《ほうこう》と
は（　　）がわ。

と、光《ひかり》は上《うえ》の方向《ほうこう》から当《あ》たるので、立《た》っている人《ひと》のかげは下《した》に短《みじか》くできます。夕《ゆう》日《ひ》のように太陽《たいよう》がひくいところにあるときは、光《ひかり》は横《よこ》の方向《ほうこう》から当《あ》たるので、かげの部分《ぶぶん》は反対《はんたい》がわに長《なが》くのびていって地面《じめん》に落《お》ちるのです。早起《はやお》きをして、朝《あさ》日《ひ》のときにどんなかげができるかをたしかめてみましょう。夕日《ゆうひ》と同《おな》じように、太陽《たいよう》と反対《はんたい》がわに長《なが》いかげができるはずです。

※目《め》によくないので、太陽《たいよう》を直《ちょく》せつじっと見《み》ないようにしましょう。

❸ かげがそのままの形《かたち》で地面《じめん》に落《お》ちるのはなぜですか。どちらかに○をつけましょう。

ア　光《ひかり》はまっすぐ進《すす》むから。

イ　光《ひかり》は曲《ま》がって進《すす》むから。

❹ かげの長《なが》さについて正《ただ》しい文《ぶん》となるように、（　）に合《あ》う言葉《ことば》を書《か》きましょう。

・（　　　　）や朝日《あさひ》のように、太陽《たいよう》が（　　　　）ところにあるときは、光《ひかり》は横《よこ》の方向《ほうこう》から当《あ》たるので、長《なが》いかげができる。

14

エジソン①

知《し》りたがりやの男《おとこ》の子《こ》

「どうして、鳥《とり》は空《そら》をとべるの？」

「風《かぜ》はどこからふいてくるの？」

今《いま》から一七〇年《ねん》ほど前《まえ》のアメリカ。お父《とう》さんにもお母《かあ》さんにもとなり近所《きんじょ》の人《ひと》にも、つぎつぎとしつもんをする男《おとこ》の子《こ》がいました。この知《し》りたがりやの男《おとこ》の子《こ》の名前《なまえ》は、トーマス・アルバ・エジソン。みんなから「アル」とよばれていました。

「どうして赤《あか》いりんごと青《あお》いりんごがあるの？」

「一＋一は、本当《ほんとう》に２なの？」

学校《がっこう》に入《はい》っても、アルは先生《せんせい》にしつもんばかりしていました。うまく答《こた》えられない先生《せんせい》は、

「アルは学校《がっこう》でいちばんできのわるいせいとだ。」

と、みんなの前《まえ》で言《い》いました。

読《よ》んだ日《ひ》　月《がつ》　日《にち》

❶ アルがわずか三《さん》か月《げつ》で学校《がっこう》をやめてしまったのは、なぜですか。一《ひと》つに○をつけましょう。

ア　頭《あたま》のいいアルには、学校《がっこう》の勉強《べんきょう》があまりにもかんたんすぎて、たいくつだったから。

イ　先生《せんせい》から、学校《がっこう》でいちばんできのわるいせいとだと言《い》われて、かなしくなったから。

ウ　友《とも》だちになってくれる人《ひと》が一人《ひとり》もいなくて、さびしかったから。

「もう、学校《がっこう》には行《い》きたくないよ。」

アルはかなしくなりました。そして通《かよ》いはじめてわずか三《さん》か月《げつ》で、学校《がっこう》をやめてしまったのです。

でも、お母《かあ》さんは、アルのみかたでした。

「これからは、家《いえ》でお母《かあ》さんといっしょに勉強《べんきょう》すればいいわ。アルがかしこい子《こ》だということは、よくわかっているもの。」

アルは、むずかしい本《ほん》もどんどん読《よ》みすすめました。その中《なか》でいちばんおもしろいと思《おも》ったのは、科学《かがく》の本《ほん》でした。

家《いえ》の地下《ちか》にじっけん室《しつ》を作《つく》ってもらったアルは、知《し》りたいことをなんでも自分《じぶん》でたしかめられるようになったのでした。

❷ 家《いえ》でお母《かあ》さんといっしょに勉強《べんきょう》をはじめたアルが、いちばんおもしろいと思《おも》ったのは、なんですか。一《ひと》つに○をつけましょう。

ア　文学《ぶんがく》の本《ほん》。

イ　れきしの本《ほん》。

ウ　科学《かがく》の本《ほん》。

❸ アルが、知《し》りたいことを自分《じぶん》でたしかめられるようになったのは、なぜですか。（　）に合《あ》う言葉《ことば》を書《か》きましょう。

・家《いえ》の地下《ちか》に（　　　　　）を作《つく》ってもらったから。

15

エジソン②　夜《よる》も明《あか》るく

「生活《せいかつ》にべんりなものを、たくさん発明《はつめい》するぞ。」

三十《さんじっ》さいのときに「ちくおんき*」を発明《はつめい》してから、エジソンはすっかり有名《ゆうめい》になりました。

（そうだ！　夜《よる》になっても、家《いえ》の中《なか》を明《あか》るくてらすことができたら、どんなにべんりだろう。）

そのころは、今《いま》のようなべんりな明《あ》かりは、まだありませんでした。エジソンは「電球《でんきゅう》」の発明《はつめい》にむけて、さっそくうごき出《だ》しました。

ガラスのたまの中《なか》で、細《ほそ》い線《せん》に電気《でんき》を通《とお》すと、光《ひか》ります。でも、その細《ほそ》い線《せん》を何《なに》で作《つく》るかが、むずかしいもんだいでした。白金《はっきん》で作《つく》った細《ほそ》い線《せん》は十分《じっぷん》でもえつき、明《あ》かりはきえてしまいました。

（もっとよいざいりょうが、見《み》つかるはずだ。）

読《よ》んだ日《ひ》　　月《がつ》　　日《にち》

❶ エジソンが有名《ゆうめい》になった、三十《さんじっ》さいのときの発明《はつめい》は、なんですか。

（　　　　　　　　）

❷ エジソンが「電球《でんきゅう》」を発明《はつめい》しようと思《おも》ったのは、なぜですか。一《ひと》つに○をつけましょう。

ア　もっと有名《ゆうめい》になって、みとめられたかったから。

イ　夜《よる》になっても、家《いえ》の中《なか》を明《あか》るくてらすことができたら、べんりだと思《おも》ったから。

エジソンは、六千《ろくせん》しゅるいものしょくぶつを、細《ほそ》い線《せん》のざいりょうとしてつかえるかどうか、たしかめてみました。日本《にほん》の竹《たけ》も、じっけんにつかわれました。けっかは、千二百時《せんにひゃくじ》間《かん》も明《あ》かりがともり、大《だい》せいこうでした。

（スイッチ一《ひと》つで明《あ》かりがついたら、もっとべんりだろうな。）

エジソンは、それからもじっけんをかさねました。そして、けんきゅうをはじめて五年目《ごねんめ》、ようやく「電球《でんきゅう》」をかんせいさせたのでした。

今《いま》、わたしたちが夜《よる》も明《あか》るく生活《せいかつ》することができるのは、このエジソンの発明《はつめい》のおかげなのです。

＊ちくおんき……音声《おんせい》をふきこんだレコードを回《まわ》して、さいせいできるきかい。

ウ　お金《かね》もちになって親《おや》こうこうしたかったから。

❸ 「電球《でんきゅう》」のじっけんが大《だい》せいこうだったのは、ガラスのたまの中《なか》の「細《ほそ》い線《せん》」に、何《なに》をつかったときでしたか。（　）に合《あ》う言葉《ことば》を書《か》きましょう。

・日本《にほん》の（　　　　）。

❹ 「電球《でんきゅう》」がかんせいしたのは、エジソンがけんきゅうをはじめて何年目《なんねんめ》でしたか。

（　　　　）

自分《じぶん》でずかんを作《つく》りたい

「山《やま》にあそびに行《い》ってきます。」

富太郎《とみたろう》は、今日《きょう》もうきうきしたようすで、家《いえ》をとび出《だ》していきました。草《くさ》や木《き》にふれていると、いつまでもあきることがありません。

秋《あき》もふかまったある日《ひ》のこと。その日《ひ》も山《やま》であそんでいた富太郎《とみたろう》は、びっくりしました。白《しろ》くて丸《まる》い、ボールのようなものが、地面《じめん》からにょっきりと生《は》えていたのです。

（これはいったいなんだろう。）

思《おも》い切《き》ってさわってみると、きのこのような手《て》ざわりでした。

（まるで、おばけきのこだな。）

読《よ》んだ日《ひ》　月《がつ》　日《にち》

❶ 富太郎《とみたろう》は、山《やま》で何《なに》を見《み》つけましたか。（　）に合《あ》う言葉《ことば》を書《か》きましょう。
・白《しろ》くて丸《まる》い、（　　　　）のようなもの。

❷ ❶を見《み》つけた富太郎《とみたろう》が思《おも》ったことのじゅんになるように、（　）に番号《ばんごう》を書《か》きましょう。
ア（　）まるで、おばけきのこだな。

イ（　）これはいったいなんだろう。

富太郎《とみたろう》はつぎの日《ひ》も、そのつぎの日《ひ》も山《やま》へ行《い》きました。白《しろ》かった玉《たま》の色《いろ》は、しだいに茶色《ちゃいろ》にかわりました。ゆう気《き》をふるってつついてみると、中《なか》からけむりのようなものがもわっと出《で》てきました。

（わあ、びっくりした。）

家《いえ》に帰《かえ》ってしらべると、このきのこは「キツネノヘダマ」という名前《なまえ》だとわかりました。

（おもしろいしょくぶつがあるものだな。）

富太郎《とみたろう》はますますしょくぶつがすきになりました。富太郎《とみたろう》が山《やま》で見《み》つけたしょくぶつの中《なか》には、本《ほん》にのっておらず、まだ名前《なまえ》のついていないようなものもたくさんありました。

（大《だい》すきなしょくぶつのことをたくさんしらべて、自分《じぶん》でずかんを作《つく》りたい。）

富太郎《とみたろう》は、そう思《おも》うようになりました。

ウ（　　）わあ、びっくりした。

エ（　　）おもしろいしょくぶつがあるな。

❸「そう思《おも》うようになりました」とありますが、富太郎《とみたろう》はどう思《おも》うようになったのですか。（　）に合《あ》う言葉《ことば》を書《か》きましょう。

・大《だい》すきな（　　　　）のことをたくさんしらべて、自分《じぶん》で（　　　　）を作《つく》りたいと思《おも》うようになった。

牧野富太郎《まきのとみたろう》②

日本《にほん》のしょくぶつ学《がく》の父《ちち》

富太郎《とみたろう》は、生《う》まれそだった高知県《こうちけん》を二十二《にじゅうに》さいで出《で》て、東京《とうきょう》にうつりすんでけんきゅうをつづけ、しょくぶつ学者《がくしゃ》への道《みち》をすすんでいきました。

もうすぐ二十八《にじゅうはっ》さいになるという夏《なつ》の日《ひ》、田《た》んぼのあぜ道《みち》を歩《ある》いていた富太郎《とみたろう》は、思《おも》わず足《あし》を止《と》めました。

（あれはなんだろう。）

近《ちか》くの池《いけ》の水面《すいめん》に、きみょうなものがうかんでいたのです。たぬきのしっぽのような形《かたち》をしていますが、たしかにしょくぶつのようです。富太郎《とみたろう》はそれをすくいとると、もち帰《かえ》ってしらべることにしました。

読《よ》んだ日《ひ》　月《がつ》　日《にち》

❶ 田《た》んぼのあぜ道《みち》を歩《ある》いていた富太郎《とみたろう》が思《おも》わず足《あし》を止《と》めたのは、なぜですか。一《ひと》つに○をつけましょう。

ア　たぬきがしっぽをふっているのを見《み》つけたから。

イ　近《ちか》くの池《いけ》の水面《すいめん》に、きみょうなものがうかんでいたから。

ウ　外国《がいこく》にしかないと考《かんが》えられていたしょくぶつを発見《はっけん》したから。

❷ 富太郎《とみたろう》は、発見《はっけん》した水草《みずくさ》になんと名前《なまえ》をつけましたか。

それは、外国《がいこく》の一部《いちぶ》のちいきにしかないと考《かんが》えられていためずらしいしょくぶつでした。日本《にほん》にも生《は》えているとわかったのは、大発見《だいはっけん》だったのです。富太郎《とみたろう》はこの水草《みずくさ》に、「ムジナモ」という名《な》前《まえ》をつけました。やがて富太郎《とみたろう》の名《な》は、日本《にほん》だけでなく、外国《がいこく》でも有名《ゆうめい》になりました。

富太郎《とみたろう》は、さらにけんきゅうにはげみました。日本全国《にほんぜんこく》に出《で》かけ、いろいろなしょくぶつをあつめて作《つく》ったひょう本《ほん》は、一生《いっしょう》のうちで四十万点《よんじゅうまんてん》あまりにもなります。七十八《ななじゅうはっ》さいのときにかんせいさせた『牧野日本植物図鑑《まきのにほんしょくぶつずかん》』は、今《いま》までのけんきゅうをまとめたもので、今《いま》でもつかわれています。

おさないころからしょくぶつが大《だい》すきだった富《とみ》太郎《たろう》は、ついに「日本《にほん》のしょくぶつ学《がく》の父《ちち》」とよばれるまでになったのでした。

❸ 富太郎《とみたろう》が、ひょう本《ほん》を作《つく》るために日本全国《にほんぜんこく》に出《で》かけてあつめたのは、なんですか。

・いろいろな（　　　　）。

❹ 有名《ゆうめい》になった富太郎《とみたろう》は、ついに、なんとよばれるようになりましたか。

・「日本《にほん》の（　　　　）」

18 危《き》険《けん》生《せい》物《ぶつ》って、どんな生《い》き物《もの》？

人間《にんげん》をあぶない目《め》にあわせるような生《い》き物《もの》を、危《き》険《けん》生《せい》物《ぶつ》とよんでいます。

まず、大形肉食動物《おおがたにくしょくどうぶつ》がいます。生《い》きたえものをおそって食《た》べる、ライオンやトラなどです。人間《にんげん》をこわがって、食《た》べものとして見《み》ないこともありますが、食《た》べものだと思《おも》えば、おそってきます。

また、肉食《にくしょく》でなくても、体《からだ》の大《おお》きな動物《どうぶつ》は、力《ちから》が強《つよ》いので、危《き》険《けん》になることがあります。たとえばキリンは、ふだんはおとなしい動物《どうぶつ》です。しかし、キリンどうしでけんかをするときは、角《つの》のある頭《あたま》をふり回《まわ》してあいてをたたきます。すごい力《ちから》なので、たたかれたところははれ上《あ》がります。人《にん》間《げん》も、キリンに近《ちか》づきすぎたり、おどかしたりす

読《よ》んだ日《ひ》　月《がつ》　日《にち》

❶ 危《き》険《けん》生《せい》物《ぶつ》とは、どんな生《い》き物《もの》ですか。（　）に合《あ》うことばを書《か》きましょう。

・（　　　　）をあぶない目《め》に（　　　　）ような生《い》き物《もの》。

❷ 大形肉食動物《おおがたにくしょくどうぶつ》の危《き》険《けん》生《せい》物《ぶつ》には、どんなものがいますか。二《ふた》つ書《か》きましょう。

（　　　　）・（　　　　）

❸ 肉食《にくしょく》でなくても体《からだ》の大《おお》きな

ると、あの長《なが》いあしでけとばされてしまいます。

さらに、どくをもつ動物《どうぶつ》も危険《きけん》です。どくヘビやクラゲ、サソリ、ハチなど、体《からだ》は小《ちい》さくても、どくをぶきにこうげきしてくるものがいます。また、フグやどくキノコなどは、体《からだ》にどくをもっているので、うっかり食《た》べると危険《きけん》です。

それぞれ、危険《きけん》なところはちがいますが、どの危険生物《きけんせいぶつ》にも気《き》をつけることが大切《たいせつ》です。生《い》き物《もの》を見《み》つけたら、まずは危険生物《きけんせいぶつ》かどうかをたしかめましょう。

▲ライオン

▲サソリ

▲フグ

動物《どうぶつ》が危険《きけん》になることがあるのは、なぜですか。

（　　　　　　　　）

4 人間《にんげん》がキリンに近《ちか》づきすぎたり、おどかしたりすると、キリンはどうしますか。合《あ》うほうに○をつけましょう。

ア 頭《あたま》をふり回《まわ》してたたく。

イ 長《なが》いあしでけとばす。

5 どくをぶきにこうげきしてくる危険生物《きけんせいぶつ》には、どんなものがいますか。三《みっ》つに○をつけましょう。

ア クラゲ　　イ サソリ

ウ ハチ　　エ フグ

19

海《うみ》の危険生物《きけんせいぶつ》

人食《ひとく》いザメって、本当《ほんとう》にいるの？

ホホジロザメは、＊きょうぼうな危険生物《きけんせいぶつ》です。人間《にんげん》をおそうこともあります。小船《こぶね》に体当《たいあ》たりして、海《うみ》におちた人《ひと》をおそったこともあります。

ただしホホジロザメは、人間《にんげん》を食《た》べるのがすきだからおそうのではありません。血《ち》のにおいをかいだり、＊こうふんしたり、自分《じぶん》のえものだとかんちがいしたりしたときなどにおそうのです。ふだんは、魚《さかな》やアシカ、イルカなどを食《た》べています。

ホホジロザメは、においやあじをかんじることがとくいです。三十《さんじっ》キロメートル先《さき》の血《ち》のにおいをかぎ分《わ》けることができるともいわれます。えものを見《み》つけると、すごいはやさで一気《いっき》に近《ちか》づいていきます。そして、すぐにがぶりとかぶりつきま

読《よ》んだ日《ひ》　月《がつ》　日《にち》

❶ ホホジロザメは、どんなときに人間《にんげん》をおそいますか。三《みっ》つに○をつけましょう。

ア　血《ち》のにおいをかいだとき。

イ　こうふんしたとき。

ウ　おなかがすいているとき。

エ　自分《じぶん》のえものだとかんちがいしたとき。

❷ ホホジロザメがふだん食《た》べているのは、何《なん》ですか。

〔　　　　〕

す。

口《くち》には、長《なが》さ七《なな》センチメートルものするどい歯《は》が三百本《さんびゃっぽん》いじょうもならんでいます。この歯《は》で食《く》いつかれたら、えものはにげることはできません。ホホジロザメの歯《は》は、おれてもまたすぐに生《は》えてきます。歯《は》のふちには、ステーキナイフのようなぎざぎざがあります。これは、えものの肉《にく》を引《ひ》きさくのにべんりです。

*きょうぼう……とてもらんぼうなこと。
*こうふん……気《き》もちが強《つよ》くはげしくなること。

❸ ホホジロザメがとくいなのは、どんなことですか。

〔　　　〕

❹ ホホジロザメの歯《は》は、何本《なんぼん》いじょうありますか。

（　　　）

❺ ホホジロザメの歯《は》がおれたら、どうなりますか。

〔　　　〕

20

みの回《まわ》りにいる危険生物《きけんせいぶつ》

日本一《にほんいち》の危険生物《きけんせいぶつ》って、ハチなの？

日本《にほん》では毎年《まいとし》、オオスズメバチにさされてしぬ人《ひと》が何人《なんにん》も出《で》ています。オオスズメバチは、日本《にほん》一《いち》の危険生物《きけんせいぶつ》といっても言《い》いすぎではありません。

オオスズメバチは、おなかの先《さき》にあるどくのはりを、てきにさします。せいかくはとてもあらく、すに近《ちか》づくものは大《おお》ぜいでおそって、どくのはりを何度《なんど》もさします。

オオスズメバチは、こうげきする前《まえ》にこうふんすると、大《おお》きなあごをカチカチ鳴《な》らします。ですから、その音《おと》が聞《き》こえたら、すぐににげましょう。

オオスズメバチに二度目《にどめ》にさされたときは、アレルギーはんのうをおこすことがあるので、さらに危険《きけん》です。一度目《いちどめ》にさされたときにアレルギー

読《よ》んだ日《ひ》　月《がつ》　日《にち》

❶ オオスズメバチのどくのはりは、体《からだ》のどこにありますか。

（　　　　）

❷ オオスズメバチは、どんなせいかくですか。

（　　　　）

❸ オオスズメバチは、てきをこうげきする前《まえ》にこうふんすると、どうしますか。

［　　　　］

の*原《げん》いんが作《つく》られることで、二度目《にどめ》にさされたときにアレルギーをおこしてしまうのです。そうなると、強《つよ》いはき気《け》がしたり、いきができなくなったりします。気《き》をうしなうこともあります。ときにはしんでしまうこともあります。

　オオスズメバチを見《み》つけたら、ゆっくり後《あと》ずさりしながら立《た》ちさりましょう。はやくうごくものはおいかけてくるので、走《はし》らないようにします。また、黒《くろ》っぽいものをよくこうげきするので、白《しろ》っぽいふくのほうがあんぜんです。

*原《げん》いん……ものごとがおこるもとになることがら。

4 二度目《にどめ》にオオスズメバチにさされてアレルギーはんのうをおこすと、どうなりますか。四《よっ》つに○をつけましょう。

ア 強《つよ》いはき気《け》がする。

イ 強《つよ》いねむ気《け》におそわれる。

ウ いきができなくなる。

エ 気《き》をうしなうことがある。

オ しんでしまうこともある。

5 オオスズメバチを見《み》つけて立《た》ちさるとき、走《はし》らないようにするのは、なぜですか。

21 はじめて見《み》つかった恐竜《きょうりゅう》は、何《なに》？

はじめて見《み》つかった恐竜《きょうりゅう》の化石《かせき》は、メガロサウルスとイグアノドンのものです。イグアノドンの化石《かせき》を見《み》つけたのは、マンテルというイギリス人《じん》のいしゃです。

マンテルは、化石《かせき》さがしがしゅみでした。一八二一年《ねん》のある日《ひ》、マンテルは白亜紀《はくあき》の*地《ち》そうから、何《なに》かの生《い》き物《もの》の歯《は》の化石《かせき》を手《て》に入《い》れました。くわしくしらべたところ、イグアナの歯《は》を大《おお》きくしたものに見《み》えることがわかりました。イグアナとは、は虫《ちゅう》るいで、植物食《しょくぶつしょく》のトカゲのことです。一八二五年《ねん》、このイグアナににた歯《は》のもちぬしは、とても大《おお》きな植物食《しょくぶつしょく》のは虫《ちゅう》るいだとわかり、イグアノドンと名《な》づけられました。

読《よ》んだ日《ひ》　月《がつ》　日《にち》

❶ イグアノドンを見《み》つけたのは、㋐何《なん》という名前《なまえ》の、㋑何《なに》人《じん》でしたか。

㋐（　　　）

㋑（　　　）

❷ イグアノドンという名前《なまえ》は、㋐何《なん》という名前《なまえ》の、㋑何《なに》るいの植物食《しょくぶつしょく》の動物《どうぶつ》から名《な》づけられましたか。

㋐（　　　）

じつは、イグアノドンの化石《かせき》が見《み》つかった前《まえ》の年《とし》、白亜紀《はくあき》の地《ち》そうから肉食《にくしょく》のは虫《ちゅう》るいのものと思《おも》われる生《い》き物《もの》の歯《は》の化石《かせき》も見《み》つかっていて、メガロサウルスと名《な》づけられていました。

さらにつぎの年《とし》に、植物食《しょくぶつしょく》のイグアノドンの歯《は》の化石《かせき》も見《み》つかったため、白亜紀《はくあき》には、今《いま》生《い》きている生《い》き物《もの》とはちがう、大《おお》きな生《い》き物《もの》がすんでいたことがはっきりしてきました。

この大《おお》きな生《い》き物《もの》は、恐竜《きょうりゅう》とよばれるようになりました。

＊地《ち》そう……小石《こいし》、すな、ねん土《ど》などがつみかさなり、しまもようになったもの。時代《じだい》ごとに分《わ》かれているので、化石《かせき》がいつの時代《じだい》のものかがわかる。

▲イグアノドン

㋑（　　　　）

❸ イグアノドンの化石《かせき》が見《み》つかる前《まえ》の年《とし》に見《み》つかったのは、どんな生《い》き物《もの》の化石《かせき》ですか。合《あ》うほうに○をつけましょう。

ア 植物食《しょくぶつしょく》のは虫《ちゅう》るいと思《おも》われる生《い》き物《もの》。

イ 肉食《にくしょく》のは虫《ちゅう》るいと思《おも》われる生《い》き物《もの》。

❹ ❸の化石《かせき》の生《い》き物《もの》は、何《なん》と名《な》づけられましたか。

（　　　　）

22 トリケラトプスの角《つの》は、何《なん》のためにあるの？

トリケラトプスは、三本《さんぼん》の角《つの》をもった植物食《しょくぶつしょく》の恐竜《きょうりゅう》です。トリケラトプスの「トリ」とは、＊ラテン語《ご》で「三《さん》」のこと。「ケラト」は「角《つの》のある」といういみ、「プス」は「顔《かお》」といういみの「オープス」からきています。トリケラトプスの目《め》の上《うえ》には長《なが》い角《つの》が二本《にほん》あり、はなの上《うえ》にはみじかめの角《つの》が一本《いっぽん》あります。トリケラトプスは、この三本《さんぼん》の角《つの》を何《なに》につかっていたのでしょう。

トリケラトプスの角《つの》は、ティラノサウルスなど

読《よ》んだ日《ひ》　月《がつ》　日《にち》

❶ トリケラトプスの三本《さんぼん》の角《つの》は、それぞれ体《からだ》のどこにありますか。

㋐二本《にほん》の長《なが》い角《つの》。（　　　）

㋑一本《いっぽん》のみじかめの角《つの》。（　　　）

❷ トリケラトプスは、角《つの》を何《なん》のためにつかっていたと考《かんが》えられていますか。（　）に合《あ》うことばを書《か》きましょう。

の肉食《にくしょく》の恐竜《きょうりゅう》におそわれたときに立《た》ちむかったり、みをまもったりするためにつかっていたと考《かんが》えられています。

また、あるトリケラトプスのえりかざり*の化石《かせき》には、べつのトリケラトプスの角《つの》がささったあとがのこっています。今《いま》いる水牛《すいぎゅう》などの動物《どうぶつ》も、おすどうしが角《つの》をつき合《あ》わせて、なわばり*やめすをめぐってたたかうことがあります。トリケラトプスも、水牛《すいぎゅう》と同《おな》じように、なかまどうしでたたかうことがあったと考《かんが》えられています。

*ラテン語《ご》……イタリアあたりにあった、古《ふる》い国《くに》のことば。
*えりかざり……首《くび》のまわりをかざるようについているもの。
*なわばり……動物《どうぶつ》が生活《せいかつ》の場《ば》をまもるために、ほかの動物《どうぶつ》が入《はい》ることをゆるさないはんい。

ア（　　　　）の恐竜《きょうりゅう》におそわれたときに立《た》ちむかったり、（　　　　）ため。

イ（　　　　）どうしでたたかうため。

❸ 今《いま》いる動物《どうぶつ》で、おすどうしで角《つの》をつき合《あ》わせてたたかう動物《どうぶつ》に、何《なに》がいますか。

（　　　　）

23 いちばん大《おお》きい恐竜《きょうりゅう》は、何《なに》？

恐竜《きょうりゅう》たちのあしから頭《あたま》のてっぺんまでをくらべてみると、いちばん大《おお》きかったと考《かんが》えられる恐竜《きょうりゅう》は、ブラキオサウルスのなかまです。あしからかたまでの高《たか》さが六《ろく》メートルくらい、あしから頭《あたま》までの高《たか》さは十五《じゅうご》メートルくらいありました。これは、だいたいマンションの五《ご》かいくらいの高《たか》さです。

今《いま》生《い》きている動物《どうぶつ》の中《なか》で、いちばんせが高《たか》いのは、キリンです。しかし、あしから頭《あたま》までの高《たか》さ

▲ブラキオサウルス

読《よ》んだ日《ひ》　月《がつ》　日《にち》

❶ ㋐ブラキオサウルスのなかまと、㋑キリンの、あしから頭《あたま》までの高《たか》さを、それぞれ書《か》きましょう。

㋐（　　　　）

㋑（　　　　）

❷ 三十五《さんじゅうご》メートルくらいというのは、ディプロドクスの体《からだ》のどこからどこまでですか。（　）に合《あ》うことばを書《か》きましょう。

は、五《ご》メートルくらいです。ブラキオサウルスのなかまは、もっとずっと大《おお》きかったことがわかります。

体《からだ》がいちばん長《なが》かったのは、ディプロドクスです。首《くび》のつくりをしらべると、頭《あたま》をあまり高《たか》くはもち上《あ》げられなかったようですが、よこにのばした頭《あたま》の先《さき》からしっぽの先《さき》までで、三十五《さんじゅうご》メートルくらいありました。

体《からだ》のおもさをくらべると、ティタノサウルスのなかまが、いちばんおもかったと考《かんが》えられます。中《なか》でもとくに、アルゼンチノサウルスやドレッドノータスが、おもかったようです。ほねの太《ふと》さやつくりからそうぞうすると、六十《ろくじっ》トンほどあったかもしれません。これはアフリカゾウ十二《じゅうに》頭分《とうぶん》に当《あ》たるおもさです。大《おお》きな恐竜《きょうりゅう》がいたのですね。

・（　　　　）にのばした

（　　　　）から

（　　　　）まで。

❸ アルゼンチノサウルスやドレッドノータスのおもさは、㋐どのくらいあったと考《かんが》えられますか。㋑また、それはアフリカゾウ何頭分《なんとうぶん》に当《あ》たるおもさですか。

㋐（　　　　）

㋑（　　　　）

24 太陽《たいよう》、地球《ちきゅう》、月《つき》をくらべると？

自分《じぶん》から光《ひかり》を出《だ》してかがやく星《ほし》をこう星《せい》といいます。太陽《たいよう》も、こう星《せい》の一《ひと》つです。夜空《よぞら》に光《ひか》る星《ほし》のほとんどはこう星《せい》ですが、とても遠《とお》くにあるので、きらきら光《ひか》る点《てん》にしか見《み》えないのです。

自分《じぶん》では光《ひかり》を出《だ》さずにこう星《せい》のまわりを回《まわ》る星《ほし》を、わく星《せい》といいます。地球《ちきゅう》は、太陽《たいよう》に八《やっ》つあるわく星《せい》のうちの一《ひと》つです。

わく星《せい》のまわりを回《まわ》る星《ほし》を、えい星《せい》といいます。月《つき》は、地球《ちきゅう》のただ一《ひと》つのえい星《せい》です。

地上《ちじょう》から見《み》ると、太陽《たいよう》と月《つき》はほとんど同《おな》じ大《おお》きさです。ところが、じっさいの大《おお》きさはまったくちがいます。

太陽《たいよう》の直《ちょっ》けいは地球《ちきゅう》のおよそ百九倍《ひゃくきゅうばい》。それにく

読《よ》んだ日《ひ》　月《がつ》　日《にち》

❶ 地球《ちきゅう》は、どの星《ほし》ですか。一《ひと》つに○をつけましょう。

ア　こう星《せい》

イ　わく星《せい》

ウ　えい星《せい》

❷ 地球《ちきゅう》のえい星《せい》は、何《なん》ですか。

（　　　　）

❸ 直《ちょっ》けいが地球《ちきゅう》のおよそ百九《ひゃくきゅう》倍《ばい》のこう星《せい》は、何《なん》ですか。

（　　　　）

らべて、月《つき》の直《ちょっ》けいは、地球《ちきゅう》の四分《よんぶん》の一《いち》より少《すこ》し大《おお》きいぐらいです。太陽《たいよう》が直《ちょっ》けい一《いち》メートルのボールだとすると、地球《ちきゅう》の大《おお》きさは、九《きゅう》ミリメートルほどで、大豆《だいず》ぐらい。月《つき》になると、その四分《よんぶん》の一《いち》ですから、ごまぐらいです。

じっさいには、太陽《たいよう》は月《つき》の四百倍《よんひゃくばい》も大《おお》きいのです。それなのに、地球《ちきゅう》から太陽《たいよう》と月《つき》が同《おな》じぐらいの大《おお》きさに見《み》えるのは、ぐうぜんにも、太陽《たいよう》が月《つき》より四百《よんひゃく》倍《ばい》も遠《とお》いところにあるからなのです。

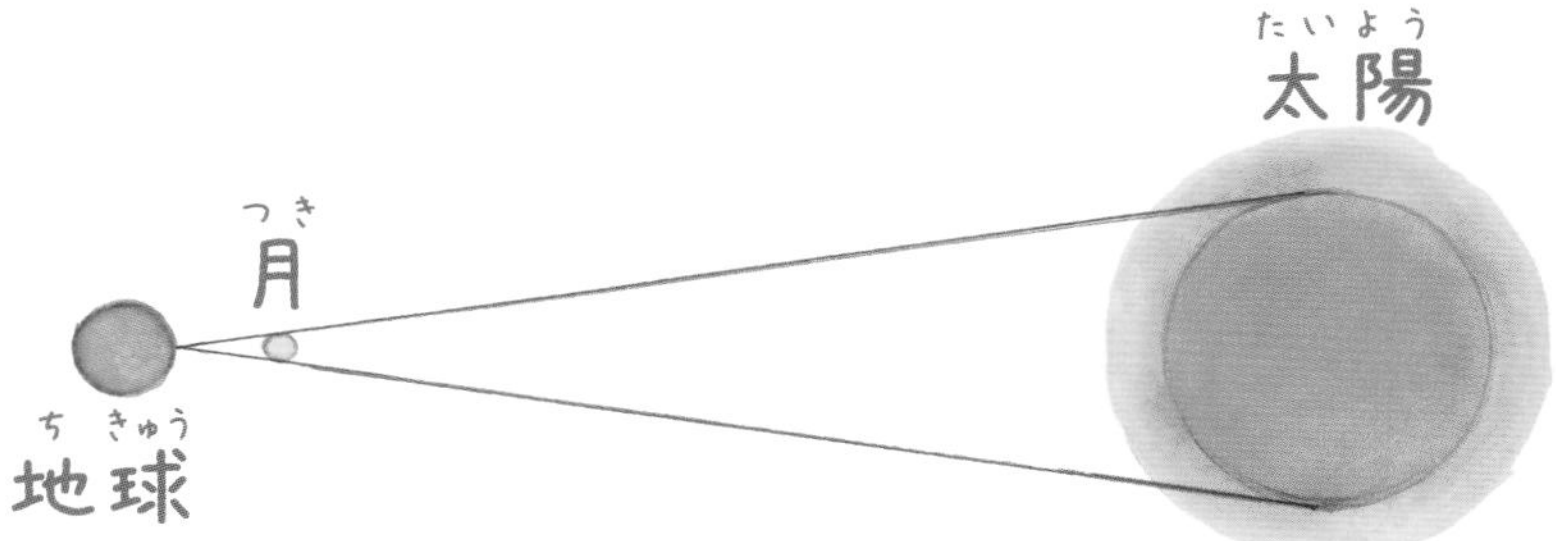

❹ 月《つき》の直《ちょっ》けいは、地球《ちきゅう》のどのぐらいですか。（　）に合《あ》う言葉《ことば》を書《か》きましょう。

・地球《ちきゅう》の（　　　　）より少《すこ》し大《おお》きいぐらい。

❺ 月《つき》の四百倍《よんひゃくばい》も大《おお》きい太陽《たいよう》が、地球《ちきゅう》から見《み》て月《つき》と同《おな》じ大《おお》きさに見《み》えるのは、なぜですか。（　）に合《あ》う言葉《ことば》を書《か》きましょう。

・太陽《たいよう》が（　　　　）より（　　　　）も遠《とお》いところにあるから。

25

金星《きんせい》ってどんなわく星《せい》？

太陽《たいよう》のわく星《せい》の中《なか》で、地球《ちきゅう》のすぐ内《うち》がわを回《まわ》っているのが金星《きんせい》です。地球《ちきゅう》より少《すこ》し小《ちい》さいだけのきょうだいのようなわく星《せい》ですが、その表面《ひょうめん》はずいぶんちがっています。

地球《ちきゅう》の空気《くうき》はとう明《めい》で、うちゅうからは、地球《ちきゅう》の表面《ひょうめん》をおおう、りくと海《うみ》がはっきりと見《み》えます。ところが金星《きんせい》は、いつもあつい雲《くも》におおわれていて、外《そと》からは表面《ひょうめん》を見《み》ることができません。

この雲《くも》は、その中《なか》のねつをうちゅうににがさないので、金星《きんせい》の気温《きおん》は、五百度近《ごひゃくどちか》くになっています。ですから、とても生《い》き物《もの》はすめません。きょうだいといっても、ずいぶんちがう星《ほし》なのです。

金星《きんせい》は「よいの明星《みょうじょう》」、「明《あ》けの明星《みょうじょう》」といわれ

読《よ》んだ日《ひ》　月《がつ》　日《にち》

❶ 金星《きんせい》は、なぜ、外《そと》から表面《ひょうめん》を見《み》ることができないのですか。（　）に合《あ》う言葉《ことば》を書《か》きましょう。

・いつもあつい（　　　　）におおわれているから。

❷ 金星《きんせい》についての正《ただ》しい文《ぶん》はどれですか。二《ふた》つに○をつけましょう。

ア　気温《きおん》は五百度近《ごひゃくどちか》い。
イ　地球《ちきゅう》より少《すこ》し大《おお》きい。
ウ　地球《ちきゅう》の外《そと》がわを回《まわ》っている。
エ　生《い》き物《もの》はすめない。

るぐらい明《あか》るい星《ほし》です。その名《な》のとおり、夕日《ゆうひ》がしずんだ後《あと》か、朝日《あさひ》がのぼる前《まえ》の空《そら》に、太陽《たいよう》の光《ひかり》をはねかえして、明《あか》るくかがやいています。金星《きんせい》は地球《ちきゅう》の内《うち》がわを回《まわ》っているので、地球《ちきゅう》から見《み》ると、いつも太陽《たいよう》に近《ちか》いところに見《み》えるのです。
太陽《たいよう》がしずんだ西《にし》の空《そら》に、明《あか》るい星《ほし》を見《み》つけたなら、きっとそれは金星《きんせい》にちがいありません。

▲金星《きんせい》
表面《ひょうめん》があつい雲《くも》におおわれている。

画像提供：NSSDC Photo Gallery

3 朝日《あさひ》がのぼる前《まえ》の空《そら》にかがやいている金星《きんせい》は、何《なん》といわれていますか。どちらかに◯をつけましょう。

ア　よいの明星《みょうじょう》
イ　明《あ》けの明星《みょうじょう》

4 地球《ちきゅう》から見《み》ると、金星《きんせい》が太《たい》陽《よう》に近《ちか》いところに見《み》えるのは、なぜですか。（　）に合《あ》う言《こと》葉《ば》を書《か》きましょう。

・金星《きんせい》が、地球《ちきゅう》のすぐ（　　　）を回《まわ》っているから。

26 うちゅうはどうやってできたの？

読《よ》んだ日《ひ》　月《がつ》　日《にち》

うちゅうは、何《なに》もないところから、あるときとつぜんあらわれました。見《み》えない小《ちい》さな点《てん》が、まばたきをするよりもずっと短《みじか》い間《あいだ》に、銀《ぎん》がけいになってしまうくらいのいきおいで、急《きゅう》に広《ひろ》がったのです。このとき、とてつもないねつエネルギーが生《う》まれ、うちゅうのもとになる火《ひ》の玉《たま》ができました。

大《おお》きなばく発《はつ》という意味《いみ》で、このことをビッグバンとよんでいます。ビッグバンが起《お》こったのは、今《いま》から百三十八億年前《ひゃくさんじゅうはちおくねんまえ》のことで、このときはじめてうちゅうに時間《じかん》が流《なが》れ出《だ》しました。

ビッグバンが始《はじ》まるとすぐに、うちゅうはそりゅうしという、小《ちい》さなつぶでいっぱいになりました。十万年《じゅうまんねん》ぐらいたつと、いくつかのそりゅう

❶ 今《いま》から百三十八億年前《ひゃくさんじゅうはちおくねんまえ》、うちゅうのもとになる火《ひ》の玉《たま》ができました。このことを何《なん》といいますか。

（　　　　　）

❷ ビッグバンが始《はじ》まるとすぐに、うちゅうは何《なに》でいっぱいになりましたか。（　）に合《あ》う言葉《ことば》を書《か》きましょう。

（　　　　　）という、小《ちい》さなつぶ。

しがくっついて、今《いま》あるもののもとになる、水《すい》そやヘリウムという軽《かる》くて小《ちい》さな原子《げんし》ができたのです。

うちゅうにちらばった原子《げんし》は、やがて集《あつ》まって、銀《ぎん》がや星《ほし》がたん生《じょう》します。

こうして、わたしたち生《せい》命《めい》が生《う》まれるじゅんびができたのです。

もちろん、ビッグバンを実《じっ》さいに見《み》た人《ひと》はだれもいません。うちゅうを細《こま》かくかんさつし、たくさん計算《けいさん》をしてみて、ようやくわかってきたのです。

❸ いくつかのそりゅうしがくっついて、何《なに》ができましたか。（　）に合《あ》う言葉《ことば》を書《か》きましょう。

・今《いま》ある（　　　）のもとになる、水《すい》そやヘリウムという軽《かる》くて小《ちい》さな（　　　）。

❹ うちゅうにちらばった原子《げんし》が集《あつ》まって、何《なに》がたん生《じょう》しましたか。二《ふた》つ書《か》きましょう。

（　　　）（　　　）

27 信号機《しんごうき》はどんなルールでうごいているの？

信号機《しんごうき》があるおかげで、わたしたちは安全《あんぜん》に出《で》かけることができます。信号機《しんごうき》はどのようなしくみでうごいているのでしょうか。

信号機《しんごうき》は、＊コンピュータが、さまざまなうごきのめいれいを出《だ》すことによってうごいています。このとき、コンピュータは、自分《じぶん》で考《かんが》えてうごきのめいれいを出《だ》しているわけではありません。人間《にんげん》が、コンピュータにうごきのじゅん番《ばん》をしめした「プログラム」を作《つく》って入《い》れ、コンピュータはこの「プログラム」のとおりにうごきのめいれいを出《だ》しているのです。

コンピュータに、うごきのじゅん番《ばん》をしめした「プログラム」を作《つく》ることは、「プログラミング」

読《よ》んだ日《ひ》　月《がつ》　日《にち》

❶ 信号機《しんごうき》は、どのようなしくみでうごいていますか。

・（　　　）が、さまざまなうごきの（　　　）を出《だ》すことによって。

❷ 人間《にんげん》が、コンピュータにうごきのじゅん番《ばん》をしめすために作《つく》ったものを、何《なん》といいますか。

（　　　）

とよばれています。信号機《しんごうき》の場合《ばあい》は、
「青信号《あおしんごう》が光《ひか》る」↓
「きめられた時間《じかん》まつ」↓
「青信号《あおしんごう》がきえる」↓
「黄色信号《きいろしんごう》が光《ひか》る」↓
「三秒《さんびょう》まつ」↓
「黄色信号《きいろしんごう》がきえる」↓
「赤信号《あかしんごう》が光《ひか》る」というじゅん番《ばん》がプログラミングされているのです。

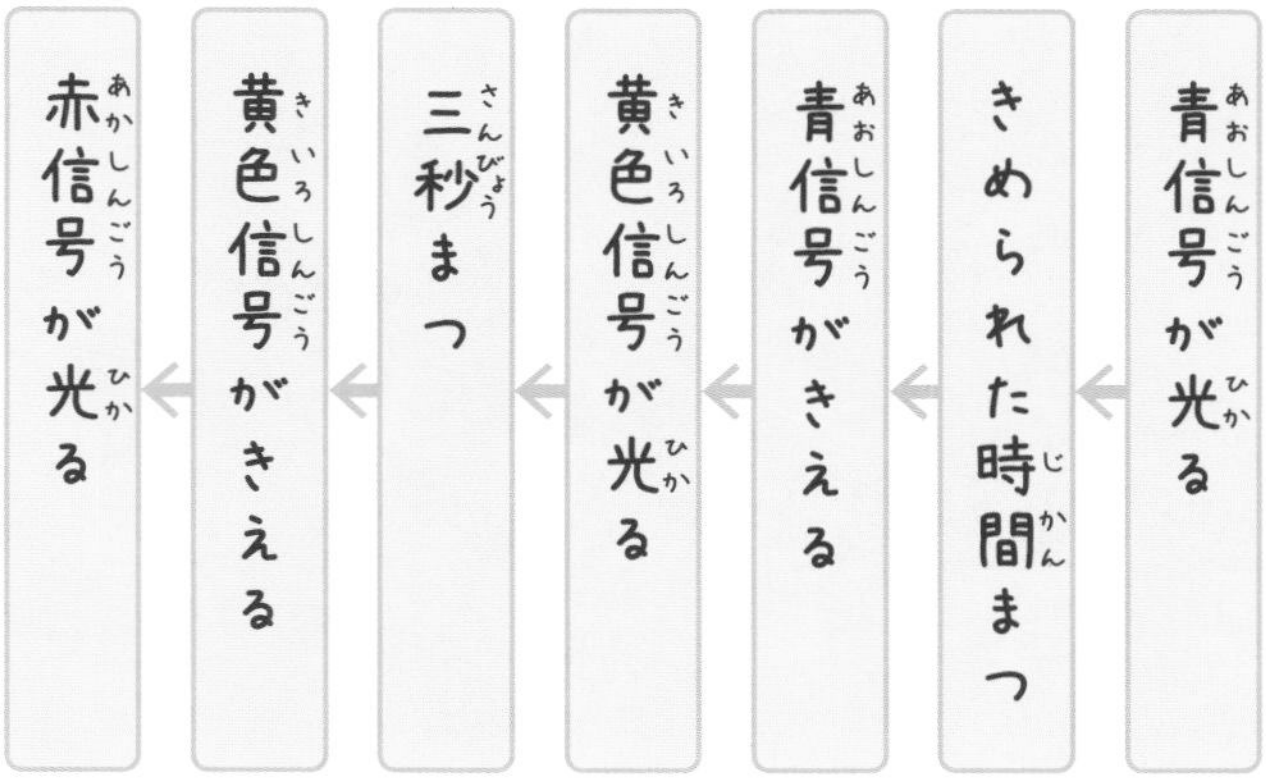

「プログラム」によってうごいているものは、信号機《しんごうき》のほかにも、みの回《まわ》りにたくさんあります。たとえば、エアコンやテレビ、せんたくきなども、「プログラム」によってうごいています。

＊コンピュータ……たくさんの計算《けいさん》をじどうてきに、はやく行《おこな》うきかい。

❸ 人間《にんげん》が❷のものを作《つく》ることを、何《なん》といいますか。

（　　　）

❹ 信号機《しんごうき》のほかに、みの回《まわ》りにある、「プログラム」によってうごいているきかいを、三《みっ》つ書《か》きましょう。

（　　　）（　　　）（　　　）

28 ロボットにはどんなものがあるの？

あなたの家《いえ》に、ロボットはありますか。家《いえ》をきれいにしてくれるおそうじロボット、話《はな》しあいてやペットのかわりになってくれるロボットなど、さまざまなロボットが活《かつ》やくしています。

これらのロボットは「家庭《かてい》用《よう》ロボット」とよばれます。ロボットは、つかう目《もく》てきごとにいろいろな形《かたち》をしています。おそうじロボットは、せまい場所《ばしょ》まで入《はい》れるようにひらたい形《かたち》をしています。話《はな》しあいてやペットのかわりになってくれるロボットは、

読《よ》んだ日《ひ》　月《がつ》　日《にち》

❶ 「家庭用《かていよう》ロボット」とよばれるロボットには、どんなものがありますか。

・家《いえ》をきれいにしてくれる（　　　　）ロボット。

・（　　　　）やペットのかわりになってくれるロボット。

❷ つぎのロボットは、どんなことができますか。合《あ》うものを、それぞれ記号《きごう》で答《こた》えましょう。

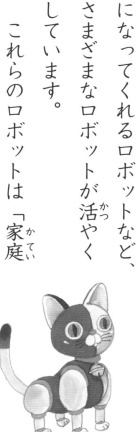

親《した》しみをもてるように、かわいらしい外見《がいけん》に作《つく》られています。

ロボットは、社会《しゃかい》の中《なか》でもさまざまな場面《ばめん》で活《かつ》やくしています。工場《こうじょう》で作業《さぎょう》をする「産業用《さんぎょうよう》ロボット」は、同《おな》じものをはやくたくさん作《つく》ることができます。そうこではたらく「物流《ぶつりゅう》ロボット」は、おもいものでも安全《あんぜん》にはこぶことができます。びょういんなどではたらく「いりょう用《よう》ロボット」は、細《こま》かい手《しゅ》じゅつをすることもできます。ホテルなどではたらく「接客《せっきゃく》ロボット」は、お客《きゃく》さんのやくに立《た》っています。

じつは、ロボットも、人間《にんげん》がプログラミングしたとおりにうごくきかいの一《ひと》つです。ロボットのプログラムをふくざつ*にすることで、さまざまなうごきができるようになっているのです。

*ふくざつ……ものごとが入《い》り組《く》んでいて、むずかしいこと。

(1) 産業用《さんぎょうよう》ロボット　□

(2) 物流《ぶつりゅう》ロボット　□

(3) いりょう用《よう》ロボット　□

(4) 接客《せっきゃく》ロボット　□

ア 細《こま》かい手《しゅ》じゅつをすることができる。

イ お客《きゃく》さんのやくに立《た》つことができる。

ウ おもいものを安全《あんぜん》にはこぶことができる。

エ 同《おな》じものをはやくたくさん作《つく》ることができる。

29

天《てん》気《き》よほうができるのは、なぜ？

あなたは、毎日天気《まいにちてんき》よほうを見《み》ていますか。うんどう会《かい》や遠足《えんそく》などの行事《ぎょうじ》の前《まえ》は、とくに天気《てんき》よほうが気《き》になりますね。

天気《てんき》よほうでは、その日《ひ》の天気《てんき》や気《き》おん、雨《あめ》がふるかどうかなどをつたえています。どうして、このようなことがわかるのでしょうか。

天気《てんき》よほうを見《み》ていると、「アメダス」という言葉《ことば》をよく耳《みみ》にします。「アメダス」とは、気象《きしょう》庁《ちょう》の「地《ち》いき気象《きしょう》かんそくシステム」のことです。日本全国《にほんぜんこく》およそ千三百《せんさんびゃっ》か所《しょ》にこのシステムがおいてあり、そこから、雨《あめ》のふるりょう、気《き》おん、風《かぜ》のむきやはやさ、太陽《たいよう》の出《で》ている時間《じかん》などのかんそくデータを*じどうてきにあつめています。

読《よ》んだ日《ひ》　月《がつ》　日《にち》

❶ 天気《てんき》よほうでは、どんなことをつたえていますか。すべて書《か》きましょう。

〔　　　　　　〕

❷ 天気《てんき》のようすを知《し》るためのかんそくデータは、どんなところからあつめていますか。

・「（　　　　）」とよばれるかんそくシステム。

・うちゅうにある気象衛星《きしょうえいせい》

また、うちゅうにある気象衛星《きしょうえいせい》「ひまわり」や、気象《きしょう》レーダーからも、かんそくデータをあつめています。

あつめたデータをもとに、時間《じかん》がたつにつれてどのように天気《てんき》がうつりかわるかをコンピュータが計算《けいさん》して、天気《てんき》よほうができるのです。

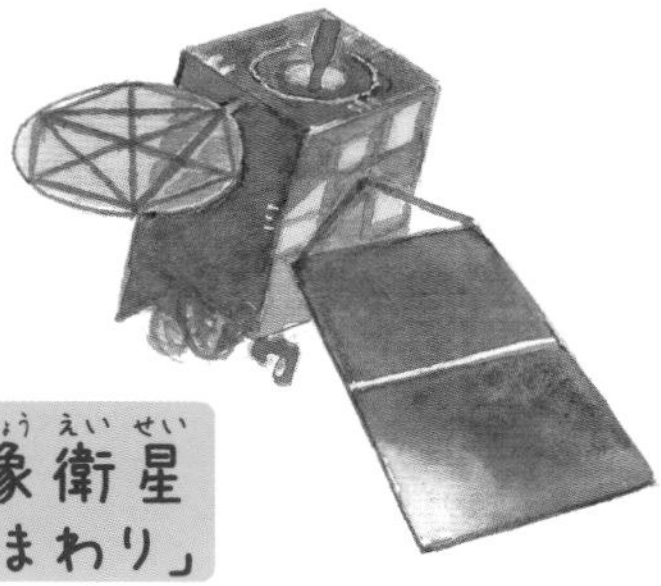
気象衛星《きしょうえいせい》「ひまわり」

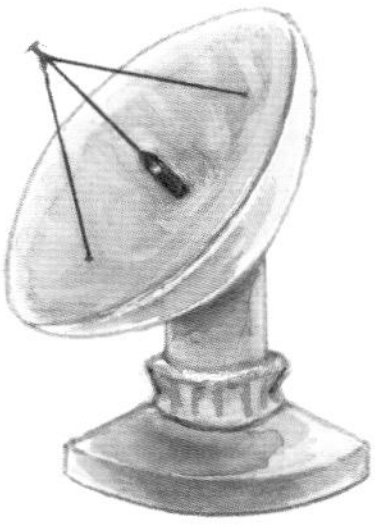
気象《きしょう》レーダー

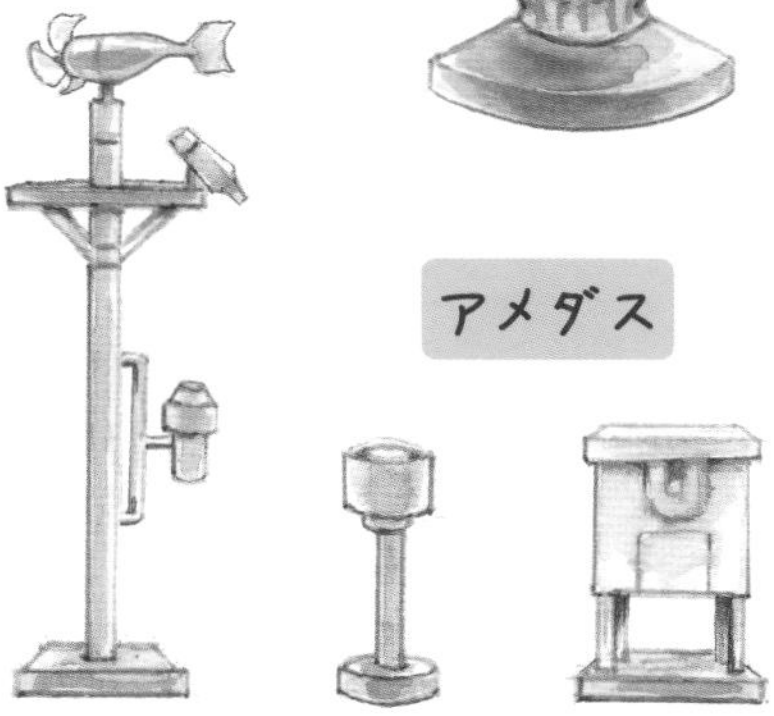
アメダス

たくさんのデータをあつめることで、みらいの天気《てんき》がよそく*できるのですね。

*じどうてき……人《ひと》がしなくても、ひとりでにうごくようす。
*よそく……わかっていることをもとに、これからのことに見当《けんとう》をつけること。

「（　　）」。
・気象《きしょう》（　　）。

❸ 天気《てんき》よほうは、どうすることによってできるのですか。
・あつめたデータをもとに、（　　）がたつにつれてどのように天気《てんき》が（　　）をコンピュータが計算《けいさん》することによって。

30 インターネットって、何《なに》？

あなたは、インターネットをつかってどんなことができるか知《し》っていますか。インターネットのおかげで、きょうみのあることを見《み》たりしらべたりすることができます。また、自分《じぶん》で文字《もじ》や画像《がぞう》などのじょうほうをはっ*しんすることもできます。

そのしくみは、一体《いったい》どうなっているのでしょうか。

インターネットとは、せかい中《じゅう》のコンピュータをつないで、コンピュータどうしがじょうほうをやりとりできるようにしたものです。

インターネットでつながっているコンピュータの中《なか》には、とくべつなコンピュータもあります。そのコンピュータのやく目《め》は、ほかのコンピュータからじょうほうをあつめておぼえておいたり、

読《よ》んだ日《ひ》　月《がつ》　日《にち》

❶ インターネットをつかって、どんなことができますか。
・きょうみのあることを見《み》たり（　　　　）りすること。
・自分《じぶん》で文字《もじ》や画像《がぞう》などの（　　　　）をはっしんすること。

❷ インターネットとは、どんなものですか。
・コンピュータどうしをつないで、じょうほうを

そのおぼえておいたじょうほうを、さらにべつのコンピュータにおくったりすることです。

そのようなとくべつなコンピュータにも、あなたの家《いえ》にあるパソコンやスマートフォンのようなふつうのコンピュータにも、「IP《アイピー》アドレス」というものがわり当《あ》てられています。

「IP《アイピー》アドレス」は、だれのコンピュータかということがわかるじゅうしょのようなもので、じょうほうを正《ただ》しくやりとりするのにやく立《だ》っています。

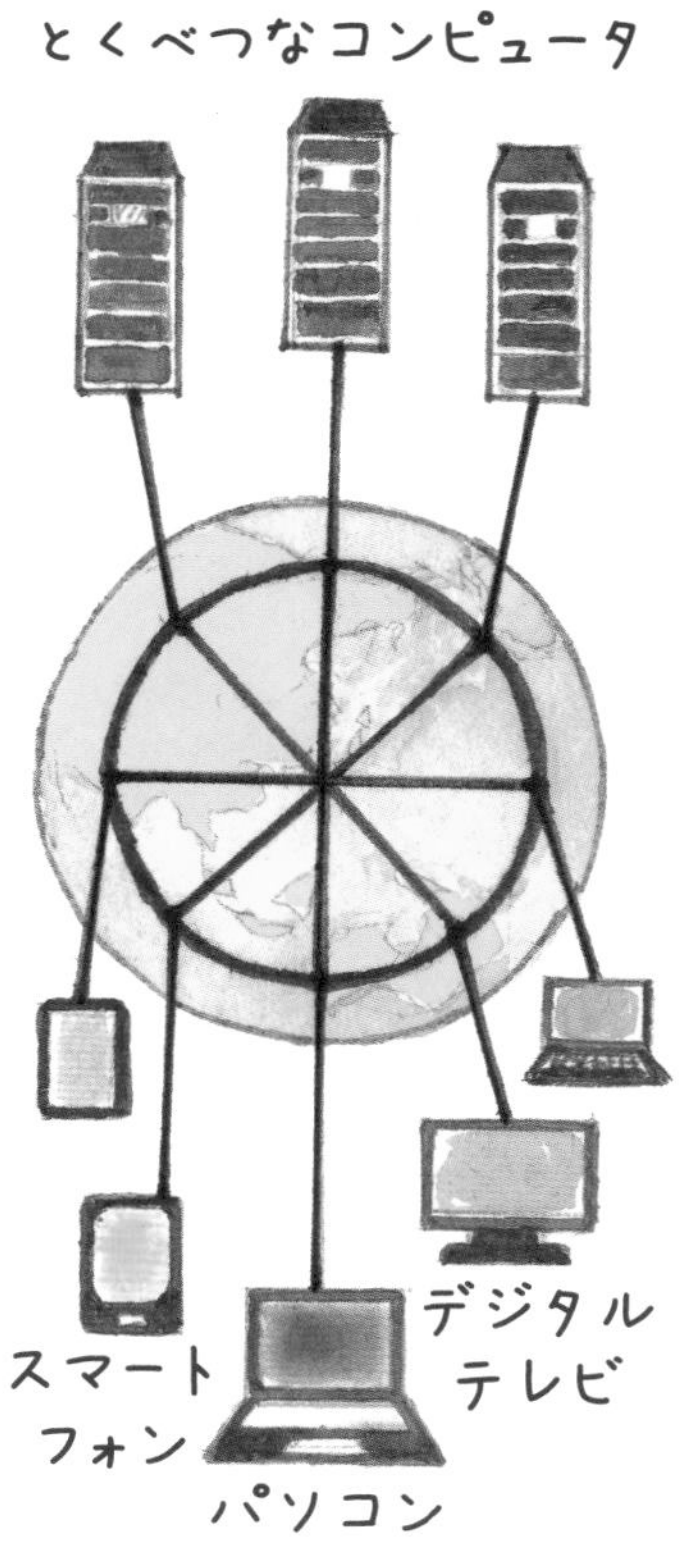

*はっしん……おくり出《だ》すこと。

（　　　　）できるようにしたもの。

❸ とくべつなコンピュータにも、ふつうのコンピュータにもわり当《あ》てられるのは、何《なん》というものですか。

（　　　　）

❹ ❸は、どのようなものですか。

・だれのコンピュータかがわかる（　　　　）のようなもの。

答えとアドバイス

おうちの方へ
◎解き終わったら、できるだけ早めに答え合わせをしてあげましょう。
◎まちがった問題は、もう一度やり直させてください。

1 花は　どうして　さくの？　6～7ページ

❶ かたち・大きさ（順不同）
❷ たね
❸ ア
❹ 花・みつ・とり

【アドバイス】
❹ ほかにも、花粉を風に運んでもらったり、自分で種子をはじき飛ばしたりする植物があります。

2 うみの　水は　なぜ　しおからいの？　8～9ページ

❶ イ
❷ しおからい
❸ しお
❹ ウ

【アドバイス】
❹ 川の水が海に流れ込むので、アは違います。また、イに当たる内容は本文中にありません。

3 ウサギの　耳　10～11ページ

❶ イ
❷ かぜ・たいおん
❸ ウ

【アドバイス】
❷ ウサギの耳には、音を聞く以外に、体温を下げるという、とても大切な働きがあることを理解させましょう。

4 キリンの　ねむりかた　12～13ページ

❶ ア
❷ てき・にげられない
❸ イ

【アドバイス】
❸ 敵に襲われる心配のない動物園の大人のキリンは、赤ちゃんキリンと同じように、座って眠ることがあることを確かめておきましょう。

5 イルカの　おしゃべり　14～15ページ

❶ イ・エ
❷ 人げん・とくべつ
❸ 小ざかな・おいつめる

【アドバイス】
❷・❸ イルカは、互いの声の違いで、それぞれの個体を認識しているということもおさえさせましょう。

6 サボテンにはどうしてとげがあるの？　16〜17ページ

❶ さばく
❷ かんそう
❸ ア
❹ 草食どうぶつ
❺ ア

【アドバイス】
❺ サボテンの茎は、水分の蒸発を防ぐために分厚い皮で覆われています。

7 カにさされるとどうしてかゆくなるの？　18〜19ページ

❶ しょくぶつ
❷ イ
❸ はり
❹ カ・ロ・細い
❺ 空気

【アドバイス】
❹ カの口の細さを参考にして、痛くない注射針が開発されました。

8 タマネギを切るとなみだが出るのはなぜ？　20〜21ページ

❶ ウ
❷ さいぼう
❸ ア
❹ のう

【アドバイス】
❸ 選択肢の中から、当てはまらないものを選んで解答することに注意します。

9 かみの毛は、どのようにのびるの？　22〜23ページ

❶ ㋐一ミリメートル（くらい）
㋑一センチメートル（くらい）
❷ 頭のかわのすぐ下。
(小さな) 玉ねぎ
❸ イ
❹ 三年から五年。

【アドバイス】
❺ 髪の毛のサイクルを理解させます。

10 ほねは、いくつくらいあるの？　24〜25ページ

❶ ㋐二百　㋑三百
❷ それは
❸ イ
❹ 十八才ごろ

【アドバイス】
❶ 骨については、骨格図を見せるなどして、骨が細かく分かれていることを、目でも確認させてください。

11 食べたものは、体の中でどうなるの？　26〜27ページ

❶ ア…3　イ…1　ウ…5
エ…4　オ…2
❷ 食べもののえいようを、ちょうの内がわのかべからとり入れやすくするため。
❸ きん肉・ほね（順不同）

【アドバイス】
❸ 吸収された栄養は、体を動かすためのカになることにも触れておきましょう。

12 北や南って、だれが決めたの？ 28〜29ページ

❶ すみか・えもの
❷ 日の出
❸ 南
❹ 太陽

【アドバイス】

ふだんの生活でも、太陽の動きや位置によって、何となくでも方角がわかるようにしておくとよいでしょう。

13 夕方になるとなぜかげは長くなるの？ 30〜31ページ

❶ イ
❷ 来る・反対
❸ ア
❹ 夕日・ひくい

【アドバイス】

ふだんの生活でも、時間帯によって自分の影の長さが変わることに気づかせてあげてください。

14 エジソン① 32〜33ページ

❶ イ
❷ ウ
❸ じっけん室

【アドバイス】
❶ アルが学校に行かなくなったのは、先生の心無い発言が原因であったことをとらえさせましょう。

15 エジソン② 34〜35ページ

❶ 「ちくおんき」（「 」はなくても正解）
❷ イ
❸ 竹
❹ 五年目

【アドバイス】
❷ （ ）内の心の中でエジソンが思ったことからとらえることができます。

16 牧野富太郎① 36〜37ページ

❶ ボール
❷ ア…２ イ…１ ウ…３ エ…４
❸ しょくぶつ・ずかん

【アドバイス】
❷ 富太郎の思ったことが書かれた、（ ）内の言葉に注目させることで、順番を正確にとらえることができます。

17 牧野富太郎② 38〜39ページ

❶ イ
❷ 「ムジナモ」（「 」はなくても正解）
❸ しょくぶつ
❹ しょくぶつ学の父

【アドバイス】
❶ 奇妙なものを見つけて持ち帰って調べたところ、外国にしかないと考えられていた植物だとわかったので、**ウ**は誤りです。

18 危険生物って、どんな生き物？　40～41ページ

❶ 人間・あわせる
❷ ライオン・トラ（順不同）
❸ 力が強いので（から）。
❹ イ
❺ ア・イ・ウ

【アドバイス】
❸・❺ 危険生物には、いろいろなタイプがあることをおさえさせましょう。

19 人食いザメって、本当にいるの？　42～43ページ

❶ ア・イ・エ
❷ 魚やアシカ、イルカ（など）。
❸ においやあじをかんじること。
❹ 三百本（いじょう）
❺（また）すぐに生えてくる。

【アドバイス】
❸ 三十キロメートル先の血の匂いまでかぎ分けることができるほどです。

20 日本一の危険生物って、ハチなの？　44～45ページ

❶ おなかの先。
❷（とても）あらい（せいかく。）
❸（大きな）あごをカチカチ鳴らす。
❹ ア・ウ・エ・オ
❺ はやくうごくものはおいかけてくるので（から）。

【アドバイス】
❺ 黒っぽいものをよく攻撃するということにも注目させましょう。

21 はじめて見つかった恐竜は、何？　46～47ページ

❶ ㋐マンテル　㋑イギリス人
❷ ㋐イグアナ　㋑は虫るい
❸ イ
❹ メガロサウルス

【アドバイス】
❷ 歯の化石が、イグアナの歯に似ていたことから名づけられたのです。

22 トリケラトプスの角は、何のためにあるの？　48～49ページ

❶ ㋐目の上。　㋑はなの上。
❷ ㋐肉食・みをまもったりする　㋑なかま（おす）
❸ 水牛（など）

【アドバイス】
❷ ㋐は二段落目から、㋑は三段落目から読み取らせましょう。

23 いちばん大きい恐竜は、何？　50～51ページ

❶ ㋐十五メートル（くらい）　㋑五メートル（くらい）
❷ よこ・頭の先・しっぽの先
❸ ㋐六十トン（ほど）　㋑十二頭分

【アドバイス】
❷ しっぽの先まで入れた長さであることに、注意させましょう。

24 太陽、地球、月をくらべると？ 52～53ページ

❶ イ
❷ 月
❸ 太陽
❹ 四分の一
❺ 月・四百倍

【アドバイス】
実際は、大きい順に、太陽、地球、月となります。

25 金星ってどんなわく星？ 54～55ページ

❶ 雲
❷ ア・エ
❸ イ
❹ 内がわ

【アドバイス】
❸ ア「よいの明星」は、夕日が沈んだ後に、明るく輝く金星のことです。

26 うちゅうはどうやってできたの？ 56～57ページ

❶ ビッグバン
❷ そりゅうし
❸ もの・原子
❹ 銀が・星（順不同）

【アドバイス】
ビッグバンが起こってから、銀河や星が誕生するまでの流れをおさえます。

27 信号機はどんなルールでうごいているの？ 58～59ページ

❶ コンピュータ・めいれい
❷ 「プログラム」
❸ 「プログラミング」
（❷・❸「 」はなくても正解）
❹ エアコン・テレビ・せんたくき（順不同）

【アドバイス】
❷ コンピュータがプログラムによって動いていることを認識できるようにさせましょう。
❹ 信号機に限らず、身の回りの機械はプログラムによって動いているものが多いことをおさえさせましょう。

28 ロボットにはどんなものがあるの？ 60～61ページ

❶ おそうじ・話しあいて
❷ (1)エ (2)ウ (3)ア (4)イ

【アドバイス】
さまざまな役割をするロボットがあることをおさえさせましょう。

29 天気よほうができるのは、なぜ？ 62～63ページ

❶ その日の天気や気おん、雨がふるかどうか（など）。
❷ アメダス・ひまわり・レーダー
❸ 時間・うつりかわるか

【アドバイス】

❷ 三段落目と四段落目から、観測データがさまざまなところから集められていることが読み取れます。

30 インターネットって、何？ 64～65ページ

❶ しらべたり・じょうほう

❷ やりとり

❸ 「ＩＰアドレス」

（「　」はなくても正解）

❹ じゅうしょ

【アドバイス】

❶・❷ インターネットによってできることや、インターネットの仕組みについて、正確におさえさせましょう。

あなたの学びをサポート！

家で勉強しよう。
学研のドリル・参考書

URL　https://ieben.gakken.jp/
X（旧Twitter）　@gakken_ieben

読者アンケートのお願い

本書に関するアンケートにご協力ください。下のコードかURLからアクセスし，以下のアンケート番号を入力してご回答ください。ご協力いただいた方の中から抽選で「図書カードネットギフト」を贈呈いたします。

アンケート番号　305588
URL
https://ieben.gakken.jp/qr/ohadori/

◆デザイン　川畑あずさ
◆表紙イラスト　田島直人
◆本文イラスト　かとーゆーこ，nanako，小谷千里，橋本豊，
おおでゆかこ，柏崎義明，工藤晃司
◆写真　photolibrary，PIXTA，Shutterstock　その他の出典は写真そばに記載
◆編集協力　鈴木瑞穂，倉本有加，市村均，大野彰，田中裕子，
伊藤年一，坂本伸之，入澤宣幸，島田早苗
◆DTP　株式会社四国写研

この本は，下記のように環境に配慮して製作しました。
※製版フィルムを使わない，CTP方式で印刷しました。
※環境に配慮した紙を使用しています。

おはなしドリル ベストセレクション
科学と自然のおはなし　低学年

2022年8月23日　初版発行
2024年5月16日　第2刷発行

編者　学研プラス
発行人　土屋　徹
編集人　代田雪絵
編集担当　中村円香
発行所　株式会社Gakken
〒141-8416
東京都品川区西五反田2-11-8
印刷所　株式会社広済堂ネクスト

◎この本に関する各種お問い合わせ先
＊本の内容については，下記サイトのお問い合わせフォームよりお願いします。
https://www.corp-gakken.co.jp/contact/
＊在庫については
Tel 03-6431-1199（販売部）
＊不良品（落丁，乱丁）については
Tel 0570-000577
学研業務センター
〒354-0045　埼玉県入間郡三芳町上富279-1
＊上記以外のお問い合わせは
Tel 0570-056-710（学研グループ総合案内）